本教材为教育部中外语言交流合作中心2021年度《国际中文教育中文水平等级标准》教学资源建设项目——"实用农业汉语"教材建设项目（编号:YHJC21YB-076）的成果

农业汉语系列教材

总主编 张 晶

NONGYE HANYU
ZHIWU PIAN

农业汉语

主 编 姜 苹 李法玲
翻 译 姜 丽
农业顾问 周 羽 贾洪波

ZHEJIANG UNIVERSITY PRESS
浙江大学出版社
·杭州·

图书在版编目（CIP）数据

农业汉语. 植物篇 / 姜苹，李法玲主编. —杭州 ：
浙江大学出版社，2024.4
农业汉语系列教材 / 张晶总主编
ISBN 978-7-308-24802-0

Ⅰ. ①农… Ⅱ. ①姜… ②李… Ⅲ. ①农业－汉语－
教材 Ⅳ. ①S

中国国家版本馆CIP数据核字(2024)第071264号

农业汉语：植物篇

总主编 张 晶

主 编 姜 苹 李法玲

策 划	包灵灵
责任编辑	包灵灵
责任校对	杨诗怡
封面设计	林智广告
出版发行	浙江大学出版社
	（杭州市天目山路148号 邮政编码310007）
	（网址：http://www.zjupress.com）
排 版	杭州林智广告有限公司
印 刷	杭州宏雅印刷有限公司
开 本	787mm×1092mm 1/16
印 张	12.5
字 数	272千
版 印 次	2024年4月第1版 2024年4月第1次印刷
书 号	ISBN 978-7-308-24802-0
定 价	49.00元

前 言
Foreword

随着中国经济的飞速发展和中国科技教育实力的增强，进入中国大学各专业院系学习的专业留学生日益增多，甚至超过了语言生。这些学生在入学前大部分没有汉语基础，必须进行一定的语言培训。然而，目前针对留学生的汉语言培训教材都是生活语言教材，虽然经过一定时间的学习，基本可以满足他们在中国生活方面的语言需要，但却难以为他们在专业领域的学习和学术研究方面的语言培训提供较好的帮助。

在进行一定生活交际语言教学的同时，进行一定的专业内容强化教学是很有必要的。因此，我们在总结多年教学实践经验的基础上，与农业相关专业一线教师合作，针对学习农业相关专业的留学生编写了这套专业汉语教材。

本系列教材分为《农业汉语：植物篇》《农业汉语：动物篇》两册，分别针对植物相关专业和动物相关专业的需求编写。

本系列教材编写过程中，在遵循语言学习的进阶规律的同时，从选材到内容，均参考了相关专业本科课程设置，除了涉及汉语词汇、语法、用法等知识外，也涉及了一些专业内容，主要是基本的专业词汇和专业知识。有关专业内容部分，我们向有关一线教师做了大量调研工作。教材突破了以故事、传说和文化背景知识作为课文主要内容的模式，在材料的组织上，从实际教学的需要出发，注意内容之间的搭配，力求体裁和语体的多样化；从语言的角度入手，讲解专业知识，激发学生的学习热情，使汉语学习和专业学习同步进行，并相互促进，相得益彰。

本系列教材编写时，着重突出以下几个特色：

(1)注重交际性与实用性

本系列教材从专业词汇的选取、课文的选编到课后扩展内容的编排，都是以培养学生的语言交际能力为目标，结合功能、专业知识项目以及课堂教学与教学实验、实践等诸多题材进行编写。课文内容涉及汉语水平考试HSK（一至三级）词汇及语言功能、语法项目以及部分专业词汇、专业场景。

（2）注重语言知识与专业知识的扩展和延伸

本系列教材围绕在实验室、课堂教学、专业交流等诸多场景进行编写，能较好地解决留学生在专业场景中沟通交流的许多实际问题。所以，本系列教材在留学生专业学习上应具有很强的实用性。

（3）注重教学内容的合理性与教材结构的科学性。

根据来华留学生专业培养目标，将丰富的专业知识用汉语进行简要说明，难度是非常大的。所以在编写本套教材过程中，我们力求让学习者不仅可以掌握所学知识的汉语表达方式，同时能基本了解专业知识，帮助他们与老师和同学进行交流。我们从专业场景入手，结合日常交际与专业交流，力争做到语言习得与专业知识了解有效结合。

这是一套以语言为基线，串联专业知识的教材，宗旨就是实用、扩展，即帮助学生在掌握基本语言知识的基础上，较早地接触专业知识。

语言教材不同于专业教材，讲授者也以语言教师为主，因此初级阶段专业内容以基础专业词汇和专业场景为主，过深、过难的内容不做过多涉及。

本系列教材经过两年努力，由国内外多所高校合作完成：总主编张晶（浙江农林大学），主编姜苹（东北农业大学）、李法玲（东北农业大学），农业顾问周羽（东北农业大学）、贾洪波（华南农业大学），翻译姜丽（罗马尼亚布加勒斯特大学孔子学院）。编写过程中我们得到了相关专业教师的极大帮助，他们不但提供了专业文献，也明确了进入专业学习之前留学生的基本专业用语所要达到的水平，为教材专业内容的编排提供了极具操作性的参考意见。同时，在编写过程中我们参考了部分经典汉语教材和关于对外汉语教学的论著。在此，向相关编者和作者表示衷心的感谢。

"农业汉语系列教材"是我们编写的第一套与农业相关的汉语教材，诚恳希望能为学习汉语和农业相关专业的留学生提供帮助。但是由于几乎没有直接相关的参考资料，编者的水平又有限，错漏之处在所难免，诚请专家、同仁和教材使用者不吝指正。

编　者

2023 年 5 月

编写说明
Instruction

　　"农业汉语系列教材"是为来华学习农业相关专业的留学生编写的一套基础农业汉语教程。编写过程中遵循的基本原则是使留学生在学习汉语知识的同时，对农业专业知识有初步的了解。

　　《农业汉语：植物篇》15课，《农业汉语：动物篇》12课，分别涵盖汉语水平考试HSK（一至三级）考试大纲中要求掌握的语言功能、词汇及语法，并有所扩展。

　　教材最后附有听力文本和词汇表。

　　一、生词

　　包括普通词汇和专名及专业相关词汇。

　　根据不同的专业场景适当加入专业词汇。

　　部分词汇可能存在多种词性，本教材一般列出与课文或习题相关的词性。

　　二、课文

　　采用传统的会话形式，每课设置会话2段，内容涵盖实验田、实验室等多个场景。

　　三、练习

　　（一）词汇训练

　　词汇练习同时关注常用词汇和专业词汇，常用词汇重点采用了传统的练习方式，如词语认读、选词填空等，专业词汇练习以认读为主。

　　（二）听力训练

　　听力训练包括声母、韵母、声调的听辨、音节听辨、课文简单句子听写等形式，主旨在于使学生通过多种形式的练习实现对汉语的语音要素的掌握。

（三）读写训练

读写训练包括模仿性练习、理解性练习、交际性练习等。

四、其他

（一）每课都设有注释、语法讲解等内容，既适用于教师课上讲授，也适用于课后学生自学。

（二）每课之后都设有小贴士。其主要内容包括：

生活文化常识、简单的农业专业知识介绍。

五、教学建议

针对中文授课的专业汉语补习班学生，《农业汉语·植物篇》第一至第十课，每课可用6—8学时，第十一至第十五课，每课可用8—12学时。学习《农业汉语：动物篇》时，第一至第六课，每课可用6—8学时，第七至第十二课，每课可用8—12学时。

"农业汉语系列教材"内容涵盖广，信息量比较大，使用者可以根据实际情况灵活安排教学时数、教学进度、掌握程度等，比如生词部分的专名及专业相关词汇，授课教师可根据实际情况要求学生的掌握程度。我们把使用频率较高的知识点，如定语和"的"、提问方式、能愿动词等内容安排得比较靠前，对初学者而言会有点儿困难，但因其在交际中复现率高，教师不必急于一时都讲清楚，可视具体情况进行讲解。

本系列教材配有听力文件，方便授课教师和学习者使用。

编写过程中我们参考了许多农学的相关资料，在此一并表示感谢。

初次编写针对农业相关专业的留学生"中文 + "汉语教材，不足之处诚恳希望专家及教材使用者批评指正，以便我们今后进一步修订完善。

编　者

2023 年 5 月

汉语词类简称 Abbreviations

动词（动）	dòngcí	verb (v.)
能愿动词（能愿）	néngyuàndòngcí	optative verb
名词（名）	míngcí	noun (n.)
代词（代）	dàicí	pronoun (pron.)
形容词（形）	xíngróngcí	adjective (adj.)
副词（副）	fùcí	adverb (adv.)
介词（介）	jiècí	preposition (prep.)
数词（数）	shùcí	numeral (num.)
量词（量）	liàngcí	measure word (m.)
连词（连）	liáncí	conjunction (conj.)
叹词（叹）	tàncí	interjection (interj.)
助词（助）	zhùcí	partical (part.)

《农业汉语：植物篇》人物表 Characters

王老师（男，中　国，农业大学，农学院，农学专业）

李　明（男，中　国，农业大学，农学院，农学专业）

麦　克（男，俄罗斯，农业大学，农学院，农学专业）

大　卫（男，美　国，农业大学，农学院，农学专业）

目　录
Contents

语音介绍
Phonetics

一、汉语音节的构造 The formation of Chinese syllables

汉语普通话的音节是由声母、韵母、声调三部分构成的。例如：

A syllable of Chinese is composed of an initial，a final，and a tone．For example：

nǐ hǎo		
声母（initial）: n h	韵母（final）: i ao	声调（tone）: ˇ

（一）声母 Initials

1．声母的定义 Definition of intials

声母就是一个音节开头的辅音。例如：

An initial is the consonant at the start of a syllable．For example：

zhòngzhí   shuǐdào

普通话中有22个辅音，其中21个可作声母（b p m f d t n l g k h j q x zh ch sh r z c s），称为辅音声母；ng不作声母，只作为韵母的构成部分出现在音节末尾。

In Chinese，there are 22 consonants，among which 21 serving as initials（b p m f d t n l g k h j q x zh ch sh r z c s）are called consonant initials；ng cannot serve as an initial and only appears at the end of a syllable as part of a final.

普通话辅音表 Consonants in Chinese

b [p]	p [pʰ]	m [m]	f [f]	d [t]	t [tʰ]
n [n]	l [l]	g [k]	k [kʰ]	h [x]	j [tɕ]
q [tɕʰ]	x [ɕ]	zh [tʂ]	ch [tʂʰ]	sh [ʂ]	r [ʐ]
z [ts]	c [tsʰ]	s [s]	ng [ŋ]		

2．声母的分类 Classifications of initials

（1）声母按不同发音部位可以分为七类。

The initials have 7 classifications according to the place of articulation.

● 双唇音：双唇阻塞而形成的音，包括b、p、m。

Bilabial：it is made by the contact of two lips，including b，p，m.

● 唇齿音：下唇接近上齿而形成的音，包括f。

Labiodental：it is made by the approach of the lower lip to the upper front teeth，including f.

● 舌根音：指舌根抵住或接近软腭而形成的音，包括g、k、h。

Velar：it is made by the contact or approach of the back of tongue to the soft palate，including g，k，h.

● 舌面音：是舌面前部抵住或接近上齿龈或硬腭前部而形成的音，包括j、q、x。

Palatal：it is made by the contact or approach of the front part of the tongue to the upper alveolar ridge or the front part of the hard palate，including j，q，x.

● 舌尖后音（翘舌音）：指舌尖上翘抵住或接近硬腭前部而形成的音，包括zh、ch、sh、r。

Post-alveolar (tongue-raised)：the tip of the tongue is raised to press against or in a position close to the front part of the hard palate，including zh，ch，sh，r.

● 舌尖前音（平舌音）：指舌尖抵住或接近上齿背而形成的音，包括z、c、s。

Frontal-alveolar (tongue-flat)：the tip of the tongue is pressed against or in a position close to the upper alveolar ridge，including z，c，s.

（2）声母根据发音时声带是否颤动可以分为清音与浊音两种。

Initials can be divided into two kinds—the voiced and the voiceless，judging from whether the vocal cords vibrate or not.

● 清音：发音时，声带不颤动，透出的气流不带音。包括：b、p、f、d、t、g、k、h、j、q、x、zh、ch、sh、z、c、s.

Voiceless：no vibration of the vocal cords and the air passing through makes no sound，including b, p, f, d, t, g, k, h, j, q, x, zh, ch, sh, z, c, and s.

● 浊音：发音时，声带颤动，透出的气流带音。包括：m、n、l、r。

Voiced：there is vibration of the vocal cords and the air passing through makes a sound，including m, n, l, r.

（二）韵母Finals

1. 韵母的定义 Definition of finals

韵母就是一个音节中声母之后的部分。

In a syllable the part that follows the initial is the final.

韵母有的由单个或几个由元音构成，如 ɑ、o、e、ɑi，有的由元音加辅音构成，如 ɑn、en、ong。汉语普通话一共有 39 个韵母。并不是每个音节都有声母和韵母两部分，有的音节只有韵母没有声母，传统上叫"零声母音节"，例如：

Some finals are a single vowel or a combination of several vowels, for example, ɑ, o, e, ɑi; some finals are a combination of vowels and consonants, for example, ɑn, en, ong. There are 39 finals in Chinese. Not all syllables are combined by initials and finals. Some syllables only have finals with no initials, and traditionally, they are called "zero-initial syllables". For example：

ōu（欧）

2. 普通话韵母表 Table of Chinese finals

按结构分类 By Structure	韵母 finals				按韵尾分类 By Ending
单元音韵母 single-vowel finals	-i [ʅ] [ɿ]	i [i]	u [u]	ü [y]	无韵尾韵母 finals with no syllable coda
	ɑ [A]				
	o [o]				
	e [ɣ]				
	ê [ɛ]				
	er [ɚ]				
复元音韵母 compound finals		iɑ[ia]	uɑ[uɑ]		
			uo[uo]		
		ie[iɛ]		üe[yɛ]	
	ɑi[ai]		uɑi[uai]		元音韵尾韵母 finals with vowel syllable coda
	ei[ei]		uei[uei]		
	ɑo[au]	iɑo[iɑu]			
	ou[ou]	iou[iou]			
带鼻音韵母 finals with nasals	ɑn[an]	iɑn[iɛn]	uɑn[uan]	üɑn[yan]	鼻音韵尾韵母 finals with nasal syllable coda
	en[ən]	in[in]	uen[uən]	ün[yn]	
	ɑng[ɑŋ]	iɑng[iɑŋ]	uɑng[uɑŋ]		
	eng[əŋ]	ing[iŋ]	ueng[uəŋ]		
			ong[uŋ]	iong[yŋ]	

3. 韵母的结构 Structure of finals

韵母由韵头（介音）、韵腹、韵尾组成。介音有 i、u，位于韵母开头，它的发音很轻且短。韵腹主要为元音 a、e、i、o、u，韵尾主要为 n、ng。每个韵母一定会有韵腹，但有时不一定有韵头和韵尾。

A final is composed by a head vowel (a medial), an essential vowel and a coda. The head vowels include i and u, and they are at the beginning of a final and have a light and short pronunciation. The essential vowels mainly refer to a, e, i, o and u. The codas mainly refer to n and ng. Each final has an essential but not necessarily has a head or a coda.

韵母 finals		
韵头（介音）a head vowel (a medial)	韵腹 an essential vowel	韵尾 a coda
	a	
i	a	
i	a	o
u	e	i
ü	a	n
	a	ng

例如 For example：

ma	韵母为 a，韵腹为 a，无介音和韵尾。
	The final is a. The essential vowel is a without a head and a coda.
hua	韵母为 ua，介音为 u，韵腹为 a，无韵尾。
	The final is ua. The essential vowel is a with the head u and without a coda.
kao	韵母为 ao，无介音，韵腹为 a，韵尾为 o。
	The final is ao. The essential vowel is a with no head and with a coda o.
zhuang	韵母为 uang，介音为 u，韵腹为 a，韵尾为 ng。
	The final is uang. The essential vowel is a with a head u and with a coda ng.

（三）整体认读音节 Wholly-read syllables

整体认读音节不分声母、韵母，同时不分拼读方法，是直接给汉字注音，共有 16 个。

Wholly-read syllables serve as phonetic notations for Chinese characters as a whole directly，regardless of initials，finials or spelling methods．There are 16 wholly-read syllables．

zhi 之	chi 吃	shi 湿	ri 日	zi 资	ci 词
si 思	yi 一	wu 屋	yu 迂	ye 噎	yue 约
yin 音	yun 晕	yuan 冤	ying 应		

（四）声调 Tones

1．声调的定义 Definition of tones

声调就是贯穿整个音节的具有区别意义作用的音高变化。例如：

Tones are distinguishing variations of pitch levels that go through the whole syllable. For example：

mā（妈）　　má（麻）　　mǎ（马）　　mà（骂）

音节的声韵相同，声调不同，意义也就不同，可以看出，声调在汉语中可以区别意义。汉语普通话音系中有四个声调，即所谓"四声"。

Syllables with same initials and finals can endow Chinese characters with different meanings if the tones are different．It can be seen that tones can distinguish the meanings of Chinese characters．There are 4 tones in the phonetic system of Chinese，namely，the so-called "4 tones"．

第一声也叫阴平，调值是 55，符号为 ˉ。

The first tone，or *yinping*，with pitch degrees of 55 and marked as ˉ.

第二声也叫阳平，调值是 35，符号为 ´。

The second tone，or *yangping*，with pitch degrees of 35 and marked as ´.

第三声也叫上声，调值是 214，符号为 ˇ。

The third tone，or *shangsheng*，with pitch degrees of 214 and marked as ˇ.

第四声也叫去声，调值是 51，符号为 `。

The fourth tone，or *qusheng*，with pitch degrees of 51 and marked as `.

轻声虽然不算在声调中，但也发音，不标声调符号。

Though the neutral tone is not counted in the "4 tones"，it has its own pronunciation and has no mark for it.

2．汉语拼音标调原则 Principles for phonetic notation

当拼音中有 a 时，标在 a 上。（韵母中凡有 a 的，如 kan，标在 a 上。）

Place the tone mark above "a" if there is one in the syllable. (The tone mark should be placed above "a" for finals that contain an "a", e.g. kan.)

没有ɑ时找o、e。（没有ɑ，但有o或e的，标在o或e上。例如，meng标在e上，lou标在o上。）

Go on to search for "o" or "e" if "a" is not available. (If a syllable does not contain an "a", the tone mark should be placed above "o" or "e", e.g. the tone mark is placed on "e" in meng; the tone mark is placed on "o" in lou)

i、u并列标在后。（i和u并列时，标在后面。例如，liu标在u上，gui标在i上。）

The tone mark goes to the latter one，if i and u stand side by side. (If i and u appear in a syllable side by side，the tone mark should be placed on the latter one，e.g. the tone mark is placed on "u" in liu，and on "i" in gui.)

单个韵母不必说。（单个的韵母，直接标在上面。如e、ɑ等。）

Simple finals follow the way. (A tone mark can be placed above a simple final directly，e.g. e or ɑ.)

二、拼音读法与写法 Rules for pinyin spelling and writing

（一）拼音的拼读方法 Rules for spelling

1. 两拼法 Spelling of two parts

两拼法是指把整个拼音分成声母和韵母两部分。先读声母，再读韵母，快速连续，然后读出音节。例如：

Spelling of two parts means to divide the whole pinyin into two parts，the initial and the finial. Quickly read out the initial first and then the finial with no pause，to pronounce the syllable. For example：

> f-an——fan   m-ang——mang

2. 三拼法 Spelling of three parts

三拼法把拼音分成声母、韵母、和介音三部分进行拼读。中间带有i、u、ü(分作出介音）在拼读较长的音节时，先读声母，再读i或u或ü，然后再读后面的韵母。三部分连续呼出一个音节。例如：

Spelling of three parts means to divide the whole pinyin into three parts，the initial，the final and the medial，and then pronounce it. When spelling a relatively long syllable with i、u、ü (the medials)，read the initial first，the medial second，and then the rest of the final，to pronounce the whole syllable in the end. For example：

x–i–ang——xiang

3．声介合拼法 The combination of the initials and the medials

声介合拼法把声母和韵母合成为一部分，跟韵母的其余部分进行拼读。这种方法只适合用于有韵头的音节。例如：

The combination of the initials and the medials means to combine the initial with part of the final，and then spell it with the rest part of the finial．It only applies to syllables with finial heads．For example：

ku–ai——kuai（块）

（二）上声（第三声）的变调规律 Rules for the changing of *Shangsheng* (the third tone)

1．单个上声 Single Chinese character

单个上声字使用时不变调。例如：

The tone remains unchanged for single Chinese character. For example:

hěn（很）　　　pǎo（跑）

2．两个上声相连 Two third tones together

（1）214＋214=35＋214

当拼音中有两个第三声相连时，第一个字的第三声读第二声。例如：

When two third tones are joined together，the tone for the first character is changed into the second tone. For example:

xiǎogǒu（小狗）　　　fěnbǐ（粉笔）　　　shuǐcǎo（水草）

（2）214＋非上声=21＋非上声

在非上声声调前，上声音节调值由214变为21（半上）。例如：

The degrees of pitch for a third tone is changed from 214 to 21 (semi-high) when it is put before a non-third tone. For example:

zǔguó（祖国）　　　jiěfàng（解放）

（3）214＋轻声（非上声字）=半上＋轻声

例如：

214＋neutral tone（non-third tone）=semi-high＋neutral tone. For example:

nǐmen（你们）　　　zǎoshang（早上）

（4）214＋"子"（轻声）=21＋"子"（轻声）

例如：

214＋"子"（neutral tone）=21＋"子"（neutral tone）. For example:

bǎnzi（板子）　　sǎozi（嫂子）　　yǐzi（椅子）

（5）重叠上声=21＋轻声

例如：

reduplicating third tones=21 + neutral tone. For example:

jiějie（姐姐）　　nǎinai（奶奶）　　lǎolao（姥姥）

3．三个上声相连 Three third tones together

（1）（214＋214）+214=（35＋35）+214

前两个第三声念第二声。例如：

The first two third tones are changed into the second tone. For example:

zhǎnlǎnguǎn（展览馆）　　guǎnlǐzǔ（管理组）

（2）214＋（214＋214）=21＋（35＋214）

例如：

For example:

Lǐ chǎngzhǎng（李厂长）　　Lǔ xiǎojiě（鲁小姐）

4．多个上声相连 Several third tones together

多个上声相连，要根据词语的语法结构和语义紧密程度划分出语义停顿来，由此确定语义段，再根据上述规律进行变调。

When several third tones are joined together, divide them into sense-groups with semantic pauses according to grammatical structures and the meaning, and then change the tones according rules mentioned above.

（三）轻声的读法 Articulation of the neutral tone

轻声是连读时一种特殊的变调，韵母上不标调，同时它也有区分意思的作用。

The neutral tone is a special change of tones in phonetic liaison with no tone mark above the finals. It also has an effect on distinguishing the meanings of characters.

1．当名词词尾是"子""儿""头""们"等时。例如：

When Chinese nouns end with characters like "子""儿""头""们". For example:

érzi（儿子）　　chútou（锄头）　　tāmen（他们）

2．叠词名词的第二个音节。例如：

The second syllable of double reduplicated nouns. For example:

bàba（爸爸）　　māma（妈妈）

3．重叠动词的末一个音节。例如：

The last syllable of reduplicated verbs. For example:

kànkan（看看）   shuōshuo（说说）

4．某些双音节词的第二个音节。例如：

The second syllable of some two-syllable words，e.g.

yīshang（衣裳）   qīngchu（清楚）   piàoliang（漂亮）

5．助词"吧""吗""呢""啊""的""地""得""着""了""过"等。例如：

Auxiliary words like "吧""吗""呢""啊""的""地""得""着""了""过". For

example：

qù ba（去吧）   xíng ma（行吗）   qù guo（去过）   lái le（来了）

（四）儿化 Retroflex final [er]

儿化就是一个音节中，韵母带上卷舌色彩的一种特殊音变现象。儿化音节一般用两个汉字表示，其音节写法是在原韵母的后边加上一个r。当然儿化音也有区别意思的作用。例如：

Retroflex final [er] is a special phonetic-changing phenomenon that the tongue-tip curls up slightly when pronouncing the final in a syllable. A syllable that contains the retroflex final [er] usually is represented by two characters. In transcription it is shown by adding "r" to the original final. It is also used to distinguish meanings. For example：

早点（早餐，breakfast）——早点儿（快点儿，faster）

信（信件，letter/mail）——信儿（消息，message）

儿化音一般用于普通话口语中，书面语中很少用到。例如：

The retroflex final [er] often appears in Mandarin spoken language，and is seldom used in written language. For example：

huàr（画儿）   shìr（事儿）   bĕnr（本儿）   xiànrbĭng（馅儿饼）

（五）音节的拼写规则 Rules for syllable writing

1．隔音字母y、w的用法 Dividing letters y and w

i、ü、u开头的零声母音节前面要用隔音字母。具体有两种情况：

Zero-initial syllables that begin with i, ü or u need to be preceded by dividing letters. Two specific conditions are as follows：

（1）隔音字母在i、ü、u前面,i自成音节,ü或ü开头的韵母前加y；u自成音节前加w。

Dividing letters preceding i, ü or u: y is added in the front of i to form a syllable；ü or finals that begin with ü shall have y in their front；w is added in the front of u to form a syllable.

（2）隔音字母代替i、u（即去掉i、u，用y、w）：i后还有别的元音，把i改y；u后还有别的元音，把u改w。

Dividing letters replacing i or u (that is, to replace i or u by y or w)：if i is followed by other vowels，replace i with y. if u is followed by other vowels，replace u with w.

2．**隔音符号的用法** Dividing marks (the apostrophe)

ɑ、o、e开头的音节连接在其他音节后面的时候，如果音节的界限发生混淆，就要用隔音符号（'）隔开。例如："西安"写成xī'ān，否则可能理解成xiān。

When a syllable beginning with ɑ，o，or e follows another syllable，it is desirable to use a dividing mark (') to clarify the boundary between the two syllables，e.g."西安"is transcribed as xī'ān, otherwise it might be understood as xiān.

3．**省写** Abbreviation

（1）韵母iou、uei、uen的省写

The abbreviation of iou，uei and uen.

iou、uei、uen前面加声母时，省去中间的o、e，写成iu、ui、un，例如liu（刘）、hui（回）、cun（存）；自成音节（前无辅音声母）时不能省写，把i改为y，u改为w，写成you（优）、wei（威）、wen（温）。

When iou，uei，and uen have initials，they are written as iu，ui，and un with o or e being omitted，e.g. liu（刘），hui（回）and cun（存）；if they appear without initials to form syllables all by themselves，o and e shall not be omitted and i shall be written as y，u as w，e.g. you（优），wei（威）and wen（温）.

（2）ü上两点的省略

The omission of two dots (umlaut) on ü.

ü和除n、l以外的声母相拼时都省去两点。

When spelled with initials，the two dots on ü shall be omitted except when the initials are l or n.

4．**汉语拼音大写** Capitalization of pinyin

汉语拼音的第一个字母在以下情况下要大写：

The first letter in pinyin shall be capitalized under the following conditions：

（1）汉语人名：姓的第一个字母和名的第一个字母要大写。例如：

Chinese names：the first letters for the family name and the last name shall be capitalized. For example:

Wáng Jīng（王晶）

（2）姓和职务、称呼等组成词语时，姓的开头第一个字母要大写，其余字母小写。例如：

When family names are combined with titles or appellations, the first letter for the family name shall be capitalized and the other letters remain lower-case. For example:

Zhāng zǔzhǎng（张组长）

（3）"老""小""大""阿"等称号的开头第一字母也要大写。例如：

The first letter for the first character of a title, such as "老""小""大""阿" shall be capitalized. For example:

Lǎo Huáng（老黄）　　Ā Kāng（阿康）

（4）汉语地名、专有名词（如书名、机关、团体等）的第一个字母要大写。例如：

The first letters for names of Chinese places or proper nouns (such as names of books, organizations and communities) shall be capitalized. For example:

Běijīng（北京）　　Shànghǎi（上海）

如果专有名词是词组，要按词连写，每个词的第一个字母要大写。例如：

If the proper nouns are a group of nouns, the group shall be divided by single nouns and the first letters of each noun shall be capitalized. For example:

Zhōnghuá Rénmín Gònghéguó（中华人民共和国）

（5）每个整句开头的第一个字母要大写；如果是诗歌，每行开头第一个字母也要大写。

The first letter of a whole sentence shall be capitalized; in poems, the first letter for each line shall be capitalized.

（6）商标的每个拼音都要大写。

The whole pinyin for names of brands shall be capitalized.

第一课 你 好
Lesson 1　Hello

kè qián rè shēn
课前热身 Warm up

---

nóng yè yàn yǔ
农业谚语 Agricultural proverb

Chūnléi xiǎng，　wànwù zhǎng.
春 雷 响 ， 万 物 长 。

Spring thunder rings，everything grows.

---

kèwén yī
课文一

你好

（在教室）

麦克：你好！

李明：你好！

麦克：你叫什么名字？

李明：我叫李明。

Nǐ hǎo

（zài jiàoshì）

Màikè：Nǐ hǎo!

Lǐ Míng：Nǐ hǎo!

Màikè：Nǐ jiào shénme míngzi?

Lǐ Míng：Wǒ jiào Lǐ Míng.

课文二

你是哪国人

（在教室）

麦克：你好！

李明：你好！

麦克：你是哪国人？

李明：我是中国人。

Nǐ shì nǎ guó rén

（zài jiàoshì）

Màikè: Nǐ hǎo!

Lǐ Míng: Nǐ hǎo!

Màikè: Nǐ shì nǎ guó rén?

Lǐ Míng: Wǒ shì Zhōngguó rén.

生词 New words

课文一 Text 1

你好		nǐ hǎo	hello
你	（代）	nǐ	you（single）
叫	（动）	jiào	to call
什么	（代）	shénme	what
名字	（名）	míngzi	name
我	（代）	wǒ	I；me

课文二 Text 2

是	（动）	shì	to be
哪	（代）	nǎ	which
国	（名）	guó	country；nation；state
人	（名）	rén	human being；man；person；people

🌱 专有名词 Proper noun

中国	Zhōngguó	China
麦克	Màikè	Mike（a name）
李明	Lǐ Míng	a Chinese name

🌱 语法 Grammar

怎么问（1）Interrogative sentences（1）

1. "什么"用来问事物性质或人的身份职业等。

   "什么" is used to ask the nature of things or someone's identity，occupation，etc.

   A：你叫什么名字?

   B：我叫李明。

2. "哪"表示要求在同类事物中确指。

   "哪" means specifying a certainty among the same kind of things.

   A：你是哪国人?

   B：我是中国人。

🌱 练习 Excercises

一、语音 Phonetics

1. 辨调 Tones

nī	ní	nǐ	nì	➡	nǐ	你
hāo	háo	hǎo	hào	➡	hǎo	好
shī	shí	shǐ	shì	➡	shì	是
wō	wó	wǒ	wò	➡	wǒ	我
guō	guó	guǒ	guò	➡	guó	国
jiāo	jiáo	jiǎo	jiào	➡	jiào	叫
nā	ná	nǎ	nà	➡	nǎ	哪
shēn	shén	shěn	shèn	➡	shén	什

2. 辨音 Pronunciations and tones

   b–p　　d–t　　g–k　　j–q

   bā–pā　dā–tā　gā–kā　jī–qī

bó–pó   dǐ–tǐ   gé–ké   jié–qié

bǐ–pǐ   dǔ–tǔ   gǔ–kǔ   jiǎ–qiǎ

bù–pù   dàn–tàn   gài–kài   jiào–qiào

3. 多音节连读 Disyllabic and multi-syllabic reading

nǐ hǎo   míngzi   guójiā   shénme

nǎ guó rén   jiàoxué lóu

zài jiàoshì   zhōngguó rén

二、连线题 Matching the words and their pinyin

1. 你好   shénme   2. 是   shì

   叫   míngzi   哪   guó

   什么   wǒ   国   rén

   名字   nǐ hǎo   人   nǎ

   我   jiào

三、替换下划线词语 Replace the underline parts with the given words or phrases

1. A：你叫什么名字?

   B：我叫<u>李明</u>。

   安心（Ān Xīn）   麦克

2. A：你是哪国人?

   B：我是<u>中国</u>人。

   巴基斯坦（Bājīsītǎn，Pakistan）   俄罗斯（Éluósī，Russia）

四、选词填空 Choose the right words to fill in the blanks

好   是   哪   什么

1. 你叫（   ）名字?

2. 你是（   ）国人?

3. 你（   ）!

4. 我（   ）中国人。

五、听力 Listening

（一）听录音，选择正确音节 Listen to the audio and choose the right syllables

1. A. pá   B. mó   C. fó   D. bó

2.　A．bǎn　　　　　B．pàn　　　　　C．màn　　　　　D．fàn

3.　A．bú　　　　　B．pū　　　　　C．mù　　　　　D．fù

4.　A．bēi　　　　　B．pēi　　　　　C．méi　　　　　D．féi

5.　A．běn　　　　　B．pēn　　　　　C．mén　　　　　D．fèn

6.　A．bǎng　　　　B．pàng　　　　C．máng　　　　D．fāng

7.　A．bèng　　　　B．pèng　　　　C．mèng　　　　D．féng

8.　A．bǐ　　　　　B．pǐ　　　　　C．mǐ　　　　　D．bié

9.　A．miù　　　　　B．fǒu　　　　　C．miáo　　　　D．piào

10.　A．biān　　　　B．pǐn　　　　　C．bìng　　　　　D．míng

（二）听录音，在词语后边写上听到的序号 Listen to the audio and write down the numbers behind the words you hear

中国人（　　）　　　名字（　　）　　　哪（　　）　　　是（　　）

你好（　　）　　　叫（　　）　　　什么（　　）　　　我（　　）

（三）听录音，写音节 Listen to the audio and fill in the blanks

1.　Nǐ（　　　）！

2.　Nǐ jiào shénme（　　　）？

3.　Nǐ shì（　　　）rén？

4.　Wǒ shì（　　　）rén.

六、读一读 Read aloud

你好！我叫李明，我是中国人。

小贴士 Tips

一、专业小贴士 Pro tip

农　业

以生产植物、动物以及微生物产品为主的社会生产部门。人类利用植物、动物和微生物的生活机能，通过自己的劳动去强化或控制生物的生命过程，协调生物与环境之间的关系，以取得生活所必需的食物和其他物质资料。

——节选自：农业大词典编辑委员会. 农业大词典. 北京：中国农业出版社，1998：1190.

Agriculture

Agriculture is a social production sector that mainly produces plant, animal and microbial products. In order to obtain food and other material materials necessary for life, people use the life functions of plants, animals and microorganisms, strengthen or control the life process of organisms through their own labor, and coordinate the relationship between organisms and the environment.

— Excerpted from: The Editorial Committee of the Great Dictionary of Agriculture. *The Great Dictionary of Agriculture*. Beijing: China Agriculture Press, 1998, p. 1190.

二、文化小贴士 Cultural tip

中国人的姓名

中国人的姓有一个字的，也有两个字和两个字以上的。一个字的姓叫单姓，两个字或两个以上的姓叫复姓。在中国的历史文献中出现过的中国姓有五千多个，现在常见的不过二百多个。张、王、李、赵、刘是中国最常见的单姓，诸葛、欧阳、司徒等是中国最常见的复姓。中国人的名也具有自己的传统和特点。中国人的姓名都是姓在前，名在后，名有一个字的，也有两个字的。中国人的名字往往有一定的含义，表示一定的愿望。有的名字包含着出生时的地点、时间或自然现象，如"京、晨、冬、雪"等。有的名字表示希望具有某种美德，如"忠、义、礼、信"等。有的名字表示希望健康、长寿、幸福，如"健、寿、松、福"等。男人的名字和女人的名字也不一样，男人的名字多用表示威武勇猛的字，如"虎、龙、雄、伟、刚、强"等。女人的名字常用表示温柔美丽的字，如"凤、花、玉、彩、娟、静"等。

——节选自：任启亮. 中国文化常识（中俄对照）. 北京：华语教学出版社，2007：190−191.

The Chinese Name

For Chinese surnames, there are one-character surnames, two-character or more than two-character surnames. The surnames with one character are called 单姓 (the single-character surname) and the surnames with two characters or more than two characters are called 复姓 (the compound surname). More than five thousand surnames had appeared in Chinese historical documents. Nowadays, only more than two hundred surnames have been widely used in common. Zhang, Wang, Li, Zhao, and Liu are China's most common single-character surnames and Zhuge, Ouyang and Situ are the most common compound surnames in China. Chinese names also have their own traditions and characteristics. In a Chinese name the surname is in the front, and the given name is in the back. The given name can be one character or two characters. A Chinese name often has a certain meaning and expresses certain wishes. Some names express the places and dates of birth or natural phenomena, such as "Beijing, morning, winter and snow", etc. Some names express hopes and have some virtues, such as "loyalty, righteousness, propriety, faith", etc. Some names express wishes of being health, longevity and happiness, such as "health, longevity, pine, happiness", etc. The names of men and women are also different. The man's name is usually expressed by characters with the meaning of being powerful and courageous, such as "tiger, dragon, hero, grant, firm, strong", etc. The woman's name is often expressed by characters with the meaning of being gentle-soft and beautiful, such as "phoenix, flower, jade, colorful, graceful, calm", etc.

—Excerpted from: Ren Qiliang, editor-in-chief. *Common Knowledge of Chinese Culture Sino-Russian Comparison*. Beijing: Sinolingua Press, 2007, pp. 190-191.

中国人常见姓氏
Chinese Common Surnames

姓氏	拼音	姓氏	拼音	姓氏	拼音	姓氏	拼音
李	Lǐ	黄	Huáng	高	Gāo	宋	Sòng
王	Wáng	周	Zhōu	林	Lín	郑	Zhèng
张	Zhāng	吴	Wú	何	Hé	谢	Xiè
刘	Liú	徐	Xú	郭	Guō	韩	Hán
陈	Chén	孙	Sūn	马	Mǎ	唐	Táng
杨	Yáng	胡	Hú	罗	Luó	诸葛	Zhūgě
赵	Zhào	朱	Zhū	梁	Liáng	司马	Sīmǎ

第二课　你是老师吗
Lesson 2　Are You a Teacher

🌱 课前热身 Warm up

zhuān yè cí huì
专业词汇 Specialized vocabulary

农学	nóngxué	agriculture
农资	nóngzī	agriculture production material
水稻	shuǐdào	paddy；rice

nóng yè yàn yǔ
农业谚语 Agricultural proverb

Lìchūn sān cháng yǔ, biàndì dōu shì mǐ.
立春三场雨，遍地都是米。

Three rains in Beginning of Spring，rice is everywhere.

kèwén yī
课文一

你是老师吗

（在教室）

麦克：你是老师吗？

李明：不是，我是学生。

麦克：你学习什么专业？

李明：我学习农学。

Nǐ shì lǎoshī ma

（zài jiàoshì）

Màikè：Nǐ shì lǎoshī ma?

Lǐ Míng：Bù shì, wǒ shì xuéshēng.

Màikè：Nǐ xuéxí shénme zhuānyè?

Lǐ Míng：Wǒ xuéxí nóngxué.

kèwén èr
课文二

你去哪儿

（在路上）

麦克：李明，你去哪儿？

李明：我去农资商店。

麦克：你买什么？

李明：我买水稻种子。

Nǐ qù nǎr

（zài lùshang）

Màikè：Lǐ Míng，nǐ qù nǎr?

Lǐ Míng：Wǒ qù nóngzī shāngdiàn.

Màikè：Nǐ mǎi shénme?

Lǐ Míng：Wǒ mǎi shuǐdào zhǒngzi.

生词 New words

课文一 Text 1

老师	（名）	lǎoshī	teacher
吗	（助）	ma	a mood particle used at end of a "yes-no" question
不	（副）	bù	no; not
学生	（名）	xuéshēng	student(s)
学习	（动）	xuéxí	to study
专业	（名）	zhuānyè	major

课文二 Text 2

去	（动）	qù	to go
哪儿	（代）	nǎr	where
商店	（名）	shāngdiàn	shop，store
买	（动）	mǎi	to buy
种子	（名）	zhǒngzi	seed(s)

🌱 注释 Note

"不"的变调 Tone Sandhi of 不（bù）

"不"的本调是第四声。"不"在第一声、第二声、第三声前面时，声调不变；在第四声前面时，变为二声 bú。

The basic tone for "不" is the forth tone. The tone of "不" remains unchanged when it is followed by a syllable in first tone, second tone or third tone, but it changes into the second tone when it is followed by a syllable in the fourth tone.

🌱 语法 Grammar

一、怎么问（2）Interrogative sentences（2）

1. 在陈述句的句末加上表示疑问的语气助词"吗"，构成汉语的一般疑问句。

   To put a modal particle 吗 at the end of a declarative sentence will form a yes-no question in Chinese.

   陈述句 + 吗？

   Declarative sentences + 吗？

   例如 For example：

   你是老师。　　➡　你是老师吗？

   我学习农学。　➡　你学习农学吗？

   A：你是老师吗？

   B：是。（我是老师）

   A：你是中国人吗？

   B：不是，我是巴基斯坦（Bājīsītǎn，Pakistan）人。

2. "哪儿"用来询问处所。

   "哪儿" is used to ask about the place or position.

   A：你去哪儿？

   B：我去超市（chāoshì，supermarket）。

二、动词谓语句 Sentence with a verb as its predicate

谓语的主要成分是动词的句子，叫做动词谓语句。谓语句的一般语序是：

A sentence with a verb as its predicate is one in which the verb is the main element of the

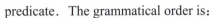

predicate．The grammatical order is：

主语	+	谓语（动词）	+	宾语
subject	+	predicate(verb)	+	object

例如For example：

我	学习	汉语（hànyǔ，Chinese language）。
麦克	去	学校（xuéxiào，school）。
李明	买	种子。

✿ 练习 Exercise

一、语音 Phonetics

1．辨调 Tones

lāo	láo	lǎo	lào	➡	lǎo	老
shī	shí	shǐ	shì	➡	shī	师
mā	má	mǎ	mà	➡	ma	吗
bū		bǔ	bù	➡	bù	不
xuē	xué	xuě	xuè	➡	xué	学
xī	xí	xǐ	xì	➡	xí	习
zhuān		zhuǎn	zhuàn	➡	zhuān	专
yē	yé	yě	yè	➡	yè	业
qū	qú	qǔ	qù	➡	qù	去
shāng		shǎng	shàng	➡	shāng	商
	mái	mǎi	mài	➡	mǎi	买
zhōng		zhǒng	zhòng	➡	zhǒng	种
zī		zǐ	zì	➡	zi	子

2．辨音 Pronunciations and tones

f–h	z–c	zh–ch
fā–hā	zā–cā	zhā–chā
fú–hú	zú–cú	zhú–chú
fǎn–hǎn	zǎn–cǎn	zhǎn–chǎn
fèng–hèng	zèng–cèng	zhèng–chèng

3. 多音节连读 Disyllabic and multi-syllabic reading

lǎoshī	xuéshēng	nóngxué	
xuéxí	zhuānyè	nóngzī	shāngdiàn
shuǐdào	zhǒngzi	qù nǎr	

4. "不"的变调 The sandhi of "不"

bùchī	bùlái	bùhǎo	búshì
bùbān	bùhuí	bùmǎi	búkàn
bùgāo	bùxué	bùdǒng	búlèi
bùhēi	bùtián	bùduǒ	búguò
bùgān	bùmái	bùshǎo	búyuàn

二、连线题 Matching the words and their pinyin

1. 老师   xuéxí

   吗   xuéshēng

   不   ma

   学生   zhuānyè

   学习   lǎoshī

   专业   bù

2. 去   shāngdiàn

   哪儿   mǎi

   商店   zhǒngzi

   买   nǎr

   种子   qù

3. 农学   nóngzī

   农资   shuǐdào

   水稻   nóngxué

三、替换下划线词语 Replace the underline parts with the given words or phrases

1. A：你是老师吗？

   B：不是，我是学生。

   留学生（liúxuéshēng, overseas student） 医生（yīshēng, doctor）

2. A：你学习什么专业？

   B：我学习农学。

汉语（hànyǔ，Chinese language）　　　园艺（yuányì，gardening）

3. A：你去哪儿？

B：我去农资商店。

超市（chāoshì，supermarket）　　教室（jiàoshì，classroom）

4. A：你买什么？

B：我买种子。

电脑（diànnǎo，computer）　　手机（shǒujī，cellphone）

四、选词填空 Choose the right words to fill in the blanks

学习　　吗　　哪儿　　专业　　老师　　不

1. 你学习什么（　　　）？

2. 麦克（　　　）是中国人。

3. 李明是（　　　）吗？

4. 我（　　　）农学。

5. 你去（　　　）？

6. 你是学生（　　　）？

五、听力 Listening

（一）听录音，选择正确音节 Listen to the audio and choose the right syllables

1. A. dá   B. tā   C. ná   D. lá

2. A. dǎn   B. tàn   C. nàn   D. làn

3. A. dú   B. tū   C. nù   D. lù

4. A. dī   B. tī   C. nī   D. léi

5. A. dèn   B. tè   C. néng   D. lěng

6. A. dǎng   B. tàng   C. náng   D. lāng

7. A. dèng   B. téng   C. néng   D. léng

8. A. dǐ   B. tǐ   C. nǐ   D. lǐ

9. A. diào   B. tiào   C. niào   D. liào

10. A. diān   B. tǐng   C. nìng   D. líng

（二）听录音，在词语后边写上听到的序号 Listen to the audio and write down the numbers behindthe words you hear

学习（　　　）　　　老师（　　　）　　　学生（　　　）　　　专业（　　　）

农学（　　　）　　　买种子（　　　）　　　去哪儿（　　　）　　　吗（　　　）

不是（　　　）　　　　商店（　　　）

（三）听录音，写音节 Listen to the audio and fill in the blanks

1. Màikè shì lǎoshī （　　　）？

2. Wǒ xuéxí （　　　）.

3. Lǐ Míng qù （　　　）？

4. Nǐ （　　　）shénme ?

5. Wǒ mǎi shuǐdào （　　　）.

六、读一读 Read aloud

麦克是学生。他（tā, he）学习农学。他去买水稻种子。

一、专业小贴士 Pro tip

农 学

农学即农业科学（agricultural science），包括 3 层含义。广义的农学是研究农业发展的自然规律和经济规律的科学，即研究农业生产理论和实践的一门科学。中义的农学仅指广义农学范畴中的农业生产科学。狭义的农学具体指研究农作物生长发育规律、产量形成规律、品质形成规律及其对环境条件的要求，并采取科学的技术措施实现作物生产的高产、优质、高效和可持续发展，是一门综合性很强的应用学科。

——节选自：王宏富，王爱萍. 农学概论. 第 2 版. 北京：中国农业大学出版社，2021：1.

Agriculture

Agricultural science, or agronomy, encompasses three layers of meaning. In its broadest sense, agricultural science is the study of the natural and economic laws governing agricultural development, involving the theoretical and practical aspects of agricultural production. In a middle sense, agricultural science refers specifically to the scientific study of agricultural production within the broader field of agronomy. In its narrowest sense, agricultural science focuses on the study of the growth and development patterns of crops, the laws governing yield formation and quality, their requirements for environmental conditions, and the adoption of scientific techniques to achieve high-yield, high-quality, efficient, and sustainable crop production. It is a highly interdisciplinary applied discipline.

—Excerpted from: Wang Hongfu, Wang Aiping. An Introduction to Agronomy. 2nd Edition. Beijing: China Agricultural University Press, 2021, p. 1.

二、文化小贴士 Cultural tip

中国的农业谚语

中国作为农业大国，在几千年的农业发展历史中，劳动人民对农业生产规律的经验总结被以农业谚语的形式保存下来。这些农业谚语涵盖了从古至今劳动人民对气象、农时的观察，与劳动人民的生活紧密联系，被人们所熟知，相当长的时间内指导着人们的农业生产活动。这些农业谚语既是千百年来劳动人民世代相袭的宝贵财富，也反映了中华民族的人生智慧。农业谚语涉及的方面很多，如气象、农时、种植、养殖、农业经济等。

Chinese Agricultural Proverb

China is a large agricultural country. In the thousands of years of agricultural development history, the working people's experience of agricultural production laws has been preserved in the form of agricultural proverbs. These agricultural proverbs cover the working people's observations of the weather and farming seasons from ancient times to the present, and are closely related to the lives of the working people. They are well known and have guided people's agricultural production activities for a long time. These agricultural proverbs are not only precious wealth handed down by the working people from generation to generation for thousands of years, but also reflect the life wisdom of the Chinese nation. Agricultural proverbs refer to many aspects, such as meteorology, farming time, planting, breeding, agricultural economy and so on.

第三课　明天去选种

Lesson 3　Let's Select Seed Tomorrow

🌱 课前热身 Warm up

---

zhuān yè cí huì
专业词汇 Specialized vocabulary

选种　xuǎnzhǒng　　seed selection；seed sorting

---

nóng yè yàn yǔ
农业谚语 Agricultural proverb

Zhǒngzi nián nián xuǎn, chǎnliàng jié jié gāo.
种 子 年 年 选 ，产 量 节 节 高 。

Higher yield can be obtained by selecting good seeds every year.

---

kèwén yī
课文一

明天去选种

（在教室）

大卫：明天做什么？

麦克：明天去选种。你去不去？

大卫：我去。李明，你去不去？

李明：我也去。

麦克：我们都去。

Míngtiān qù xuǎnzhǒng

（zài jiàoshì）

Dàwèi: Míngtiān zuò shénme?

Màikè: Míngtiān qù xuǎnzhǒng. Nǐ qù bu qù?

Dàwèi: Wǒ qù. Lǐ Míng, nǐ qù ma?

Lǐ Míng: Wǒ yě qù.

Màikè: Wǒmen dōu qù.

kèwén èr
课文二

选种难不难

（在实验室）

大卫：今天选什么种子？

麦克：选水稻种子。

大卫：选种难不难？

麦克：不太难。

Xuǎnzhǒng nán bu nán

（zài shíyànshì）

Dàwèi: Jīntiān xuǎn shénme zhǒngzi?

Màikè: Xuǎn shuǐdào zhǒngzi.

Dàwèi: Xuǎnzhǒng nán bu nán?

Màikè: Bù tài nán.

生词 New words

课文一 Text 1

明天	（名）	míngtiān	tomorrow
今天	（名）	jīntiān	today
昨天	（名）	zuótiān	yesterday
做	（动）	zuò	to do; to make
也	（副）	yě	also
我们	（代）	wǒmen	we; us
都	（副）	dōu	all

课文二 Text 2

选	（动）	xuǎn	to select
难	（形）	nán	difficult
太	（副）	tài	too; excessively

专有名词 Proper noun

| 大卫 | | Dàwèi | David (a name) |

🌱 语法 Grammar

一、怎么问（3）Interrogative sentences（3）

正反疑问句：正反疑问句是由谓语部分肯定形式和否定形式并列起来表达疑问的。例如：

The affirmative-negative question: An affirmative-negative question denotesquestions by juxtaposing the positive and negative forms of the predicate. For example：

肯定形式 + 否定形式？

affirmative form + negative form?

（1）A：你是不是学生？
B：是。/不是。

（2）A：你去不去？
B：去。/不去。

（3）A：你买不买种子？
B：买。/不买。

（4）A：选种难不难？
B：难。/不难。

> 注意 Note：
> 正反疑问句句尾不能再用"吗"。At the end of affirmative-negative questions，"吗" cannot be used.
> *不能说：你是不是学生吗？

二、副词"也"和"都" The adverbs "也" and "都"

副词"也"和"都"放在动词或形容词前边，在句中作状语。

The adverbs "也" and "都" are placed in front of verbs and adjectives and function as adverbials.

（1）我是学生，他也是学生。

（2）王老师是中国人，李明也是中国人，他们都是中国人。

练习 Excercises

一、语音 Phonetics

1. 辨调 Tones

tiān	tián	tiǎn	tiàn	→	tiān	天
jīn		jǐn	jìn	→	jīn	今
zuō	zuó	zuǒ	zuò	→	zuó	昨
yē	yé	yě	yè	→	yě	也
mēn	mén		mèn	→	men	们
dōu		dǒu	dòu	→	dōu	都
xuān	xuán	xuǎn	xuàn	→	xuǎn	选
nān	nán	nǎn	nàn	→	nán	难
tāi	tái	tǎi	tài	→	tài	太

2. 辨音 Pronunciations and tones

n−l	x−s	sh−r	m−n
nā−lā	xī−sī	shāng−rāng	mā−nā
ní−lí	xiá−sú	shóu−róu	mí−ní
nǔ−lǔ	xuě− sǎ	shě−rě	mǔ−nǔ
nè−lè	xiàn−sàn	shù−rù	màn−nàn

3. 多音节连读 Disyllabic and multi-syllabic reading

xuǎn zhǒng	wǒ yě qù	bù tài nán	shíyànshì	zuò shénme
qù bu qù	nán bu nán	mǎi bu mǎi	shì bu shì	xuǎn bu xuǎn

二、连线题 Matchingthe words and their pinyin

1. 明天   yě   2. 我们   dōu
   今天   zuò   都   wǒmen
   昨天   jīntiān   选   tài
   做   zuótiān   难   xuǎn
   也   míngtiān   太   nán

三、替换下划线词语 Replace the underline parts with the given words or phrases

1. A：你是不是<u>玛丽</u>?   B：是。

   大卫   麦克   王老师   李明

2. A：你<u>去</u>不<u>去</u>教室？　　　B：不去。

去/教学楼　　学/汉语　　种/水稻

3. A：<u>选种</u>难不难？　　　B：不太难。

农学　　学习　　汉语

4. A：李明<u>去</u><u>商店</u>，你<u>去不去</u>？

B：我也<u>去</u>，我们都<u>去</u>。

买/种子　　是/学生　　去/选种

四、选词填空 Choose the right words to fill in the blanks

都　　做　　今天　　也　　太

1. 明天你（　　）什么？

2. 我们（　　）是学生。

3. 李明去选种，我（　　）去。

4. 农学不（　　）难。

5. （　　）我们去买种子。

五、听力 Listening

（一）听录音，选择正确音节 Listen to the audio and choose the right syllables

1. A．gā　　　　　B．kā　　　　　C．hā　　　　　D．dā

2. A．gé　　　　　B．ké　　　　　C．hé　　　　　D．dé

3. A．gǔ　　　　　B．kǔ　　　　　C．hǔ　　　　　D．dǔ

4. A．gāi　　　　B．kāi　　　　C．hāi　　　　D．dāi

5. A．gǎn　　　　B．kǎn　　　　C．hǎn　　　　D．dǎn

6. A．gèn　　　　B．kèn　　　　C．hèn　　　　D．dèn

7. A．guāng　　　B．kuāng　　　C．huāng　　　D．dān

8. A．gōng　　　B．kōng　　　C．hōng　　　D．dōng

9. A．gèng　　　B．kēng　　　C．hèng　　　D．dèng

10. A．gǔn　　　　B．kūn　　　　C．hún　　　　D．dùn

（二）听录音，在词语后边写上听到的序号 Listen to the audio and write down the numbers behind the words you hear

今天（　　）　　　　难吗（　　）　　　　选种（　　）　　　　都去（　　）

太难（　　）　　　　明天（　　）　　　　我也去（　　）　　　　去不去（　　）

水稻（　　）

（三）听录音，写音节 Listen to the audio and fill in the blanks

1. Jīntiān qù（　　）.

2. Míngtiān（　　）shénme？

3. Wǒmen（　　）qù.

4. Nóngxué（　　）bu nán？

5. Nóngxué bù（　　）nán.

六、读一读 Read aloud

麦克去选种，大卫也去。他们都去。选种不太难。

一、专业小贴士 Pro tip

选　种

选种在育种上指选择天然变异或人工变异的优良个体（如株、秆、铃、籽等），以培育新品种。在良种繁育上则指选择符合品种特征特性的个体供扩大繁殖和生产应用。

——刘思衡. 作物育种与良种繁育学词典. 北京：中国农业出版社，2001：115.

Seed Selection

Seed selection in breeding refers to the selection of excellent individuals (such as plants, stalks, bolls, seeds, etc.) with natural variation or artificial variation in order to breed new varieties. In the breeding of improved varieties, it refers to the selection of individuals that conform to the characteristics of the variety for expanded reproduction and production applications.

— Liu Siheng. *A Dictionary of Crop Breeding and Propagation*. Beijing：China Agriculture Press, 2001, p. 115.

二、文化小贴士 Cultural tip

中国稻作农业起源

1973 年，浙江余姚河姆渡 7000 年前新石器时代文化遗址的发现，使长久以来中华文明起源于黄河流域的认知受到了挑战。其后长江中下游地区更多的四五千年到上万年的新石器时代文化遗址的发现，证明长江流域也是中华文明的起源地之一。稻作农业是长江文明的支柱和特色。古史记载、野生稻的分布、新石器时代稻作遗存的发现和现代遗传学的研究，都已证明长江中下游及其以南地区是亚洲栽培稻的起源地，良渚文化农业已率先进入犁耕稻作时代。

——节选自：曾雄生. 水稻与中国历史地理. 光明日报，2022-09-13（11）.

Origin of Rice Farming in China

In 1973, the discovery of a 7,000-year-old Neolithic cultural site in Hemudu, Yuyao, Zhejiang, challenged the long-standing perception that Chinese civilization originated in the Yellow River Basin. Later, the discovery of more Neolithic cultural sites dating from 4, 000 to 5, 000, even to tens of thousands of years in the middle and lower reaches of the Yangtze River proved that the Yangtze River Basin is also one of the origins of Chinese civilization. Rice farming is the pillar and characteristic of the Yangtze River civilization. Ancient historical records, the distribution of wild rice, the discovery of rice cultivation remains in the Neolithic Age, and modern genetic research have all proved that the middle and lower reaches of the Yangtze River and the areas south of it are the origins of cultivated rice in Asia. The agriculture of Liangzhu Culture has taken the lead in entering the era of plowing and rice farming.

—Excerpted from：Zeng Xiongsheng. "Rice and Chinese History and Geography". *Guangming Daily*, 2022-09-13(11).

第四课　实验田怎么走
Lesson 4　How to Get to the Experimental Field

kè qián rè shēn
课前热身 Warm up

zhuān yè cí huì
专业词汇 Specialized vocabulary

整地	zhěngdì	land preparation
农学院	nóngxuéyuàn	agricultural college
实验田	shíyàntián	experimental field

nóng yè yàn yǔ
农业谚语 Agricultural proverb

Dì zhěng píng, chū miáo qí ; dì zhěng fāng, zhuāng mǎn cāng.
地 整 平 ， 出 苗 齐 ；地 整 方 ， 装 满 仓 。

The ground is leveled，and the seedlings emerge neatly；the ground is square，and the warehouse is filled.

kèwén yī
课文一

> **图书馆在教学楼后面**
>
> （在学校）
>
> 大卫：李明，图书馆在什么地方？
>
> 李明：图书馆在教学楼后面。
>
> 大卫：图书馆旁边是什么？
>
> 李明：那是农学院的实验田。
>
> **Túshūguǎn zài jiàoxué lóu hòu miàn**
>
> （zài xuéxiào）
>
> Dàwèi：Lǐ Míng，túshūguǎn zài shénme dìfang?
>
> Lǐ Míng：Túshūguǎn zài jiàoxué lóu hòu miàn.

Dàwèi: Túshūguǎn pángbiān shì shénme?

Lǐ Míng: Nà shì nóngxuéyuàn de shíyàntián.

kèwén èr
课文二

实验田怎么走

（在学校）

大卫：麦克，我们今天去整地吧。

麦克：好，实验田在哪儿？

大卫：实验田在东边。

麦克：怎么走？

大卫：往前走，到路口右转。

Shíyàntián zěnme zǒu

（zài xuéxiào）

Dàwèi：Màikè, wǒmen jīntiān qù zhěngdì ba.

Màikè：Hǎo, shíyàntián zài nǎr?

Dàwèi：Shíyàntián zài dōngbian.

Màikè：Zěnme zǒu?

Dàwèi：Wǎng qián zǒu, dào lùkǒu yòu zhuǎn.

🌱 生词 New words

课文一 Text 1

图书馆	（名）	túshūguǎn	library
在	（动）	zài	to exist
地方	（名）	dìfang	place
教学楼	（名）	jiàoxué lóu	the teaching building
后面	（名）	hòu miàn	back, rear
旁边	（名）	pángbiān	beside
吧	（助）	ba	a modal particle
那	（代）	nà	that

课文二 Text 2

东	（名）	dōng	east
怎么	（代）	zěnme	how
边	（名）	biān	edge
走	（动）	zǒu	to go
往	（介）	wǎng	toward（Location word）
前（面）	（名）	qián (miàn)	front
到	（动）	dào	to arrive
路口	（名）	lùkǒu	intersection
路	（名）	lù	road
右	（名）	yòu	right
转	（动）	zhuǎn	to turn

注释 Note

一、吧：我们今天去整地吧。

语气助词"吧"用在句尾表示商量、提议、请求、同意等。例如：

The modal particle "吧" is used at the end of a sentence to indicate consultation，suggestion，requirement or consent，etc. For example：

（1）A：我们一起去吧。（请求、提议）

　　B：好吧。（同意）

（2）星期天我们去商店吧。（提议）

二、的：那是农学院的实验田。

名词或代词作定语，表示限定和修饰所有、所属关系时，要加"的"。例如：

When a noun or pronoun is used as an attribute to define，or to show possession and subordination，the particle "的" is used. For example：

我的学校　　　　　　　我们的老师　　　　　　　图书馆的书

🌱 语法 Grammar

一、方位词 Location words

1. 表示方向位置的名词叫方位词。汉语的方位词有：

Location words are words denoting directions or locations. Location words in Chinese include the following.

	dōng 东	xī 西	nán 南	běi 北	qián 前	hòu 后	zuǒ 左	yòu 右	shàng 上	xià 下	lǐ 里	wài 外
边／面	东边	西边	南边	北边	前边	后边	左边	右边	上边	下边	里边	外边

2. 方位词跟名词一样可以在句中作主语、宾语、定语或中心语。例如：

Like a noun, a location word can be used as the subject, object, attributive or the central word. For example：

（1）东边是图书馆。

（2）图书馆里边有很多学生。

3. 方位词作定语时后边要用"的"。例如：

When a location word is used as an attributive, a "的" is added after it. For example：

右边的房间（fángjiān, room）　后边的车（chē, vehicle）

4. 方位词作中心语时，前边一般不用"的"。例如：

When a location word is used as the central word, "的" is not used. For example：

学校外边　　商店西边　　教学楼里边

5. "里边""上边"和前面的名词结合时，"边"常常省略。例如：

If there is a noun in front of "里边" and "上边" directly, "边" is often omitted. For example：

（1）桌子上有本书。

（2）教室里有很多学生。

> 注意：在国名和地名后边，不能再用"里"。例如：
>
> Note："里" cannot be used after the names of countries and places. For example：
>
> *不能说：在中国里；在北京里

二、存在的表达 Expression of exiting

1. "在"表示某事物的方位和处所。

"在" is used to indicate the location or position of something.

名词（人或事物）	+ 在 +	方位词/处所词语
noun (somebody or something)	+ 在 +	Location word

实验田	在	东边。
大卫	在	教室里（边）。

2. 当知道某处有某人或某物时，要求确指某人是谁、某物是什么时，用：

When we know there is someone or something in a particular place and request to specify who he/she is or what it is，we use the pattern：

方位词/处所词	+ 是 +	名词
Location word	+ 是 +	noun

这个包里	是	汉语书。

〔个 gè，a measure word (used before a noun without a special measure word)〕

图书馆旁边	是	实验田。

三、怎么问（4）Interrogative sentences（4）

询问动作行为的方式：

Asking about the manner of an act：

怎么 + 动词

怎么 + verb

"怎么 + 动词"的形式用来询问动作行为的方式或方法，请求对方说明"怎么做某事"。例如：

"怎么 + verb"is a pattern used to ask about the manner or the way of doing something. The other side is invited to explain how to do it．For example：

（1）实验田怎么走？

（2）这个字（zì，Chinese character）怎么写（xiě，to write）？

（3）"Exit"用汉语怎么说（shuō，to speak）？

🌱 练习 Exercises

一、语音 Phonetics

1. 辨调 Tones

lāo	láo	lǎo	lào ➡	lǎo	老
xī	xí	xǐ	xì ➡	xī	西
nān	nán	nǎn	nàn ➡	nán	南
nā	ná	nǎ	nà ➡	nà	那
lōu	lóu	lǒu	lòu ➡	lóu	楼
hān	hán	hǎn	hàn ➡	hàn	汉

2. 辨音 Pronunciations and tones

i–ü	o–e	u–ü	a–o
yī–yū	ōng–ēng	wū– yū	ā–ō
yí–yú	óng–éng	wú– yú	á–ó
yǐ–yǔ	ǒng–ěng	wǔ– yǔ	ǎ–ǒ
yì–yù	òng–èng	wù– yù	à–ò

3. 多音节连读 Disyllabic and multi-syllabic reading

liúxuéshēng	túshūguǎn	duì bu qǐ
shíyàntián	méi guānxi	bù kèqi
yánjiūshēng	jiàoxué lóu	nóngxuéyuàn

二、连线题 Matching the words and their pinyin

1.

图书馆	jīntiān
教学楼	dìfang
地方	zuò
今天	jiàoxué lóu
做	túshūguǎn

2.

农学院	zhěngdì
实验田	shíyàntián
整地	zhuǎn
转	nóngxuéyuàn

三、替换下划线词语 Replace the underline parts with the given words or phrases

1. A：你们的老师是谁?

   B：我们的老师是<u>王</u>老师。

   | 张 Zhāng | 李 Lǐ | 方 Fāng | 高 Gāo | 陈 Chén | 姜 Jiāng |

2. A：图书馆在哪儿?

   B：在<u>西边</u>。

   A：远不远?

   B：不远（yuǎn，far）。

   | 东边 | 北边 | 南边 | 前边 | 后边 |

3. A：这儿是不是<u>图书馆</u>?

   B：不是。

   | 教学楼 | 实验田 | 农学院 |

4. A：去农学院怎么走?

   B：往<u>南</u>走，到路口右转。

   | 东 | 西 | 北 | 前 |

5. 教学楼<u>左边</u>的楼是图书馆。

   | 右边 | 前边 | 后边 | 西边 |

6. A：学校东边是什么地方?

   B：东边是一个<u>银行</u>

   | 商店 | 医院（yīyuàn，hospital） | 书店（shūdiàn，bookshop） | 实验田 |

7. <u>实验田</u><u>怎么走</u>?

   | "你好"/说 | "我"/写 | 图书馆/走 |

四、选词填空 Choose the right words to fill in the blanks

| 后面 | 在 | 怎么 | 是 | 什么 |

1. 我们学校（　　）商店西边。

2. 医院东边（　　）书店。

3. 图书馆（　　）走?

4. 超市在书店（　　）。

5. 农学院在（　　）地方?

五、听力 Listening

（一）听录音，选择正确音节 Listen to the audio and choose the right syllables

1. A. jī   B. qī   C. xī   D. dī
2. A. jù   B. qù   C. xù   D. nù
3. A. jié   B. lěi   C. qié   D. lài
4. A. jué   B. qué   C. yuē   D. xué
5. A. jūn   B. qūn   C. xūn   D. yūn
6. A. xiē   B. xié   C. xiě   D. xiè
7. A. jiǎn   B. qián   C. xiǎn   D. qiáng
8. A. guà   B. kuà   C. huà   D. wà
9. A. huā   B. huār   C. huà   D. huàr
10. A. jià   B. jiào   C. qiào   D. qiā

（二）听录音，在词语后边写上听到的序号 Listen to the audio and write down the numbers that you hear behind the words

今天（   ）   路口（   ）   右转（   ）   地方（   ）
整地（   ）   图书馆（   ）   实验田（   ）   教学楼（   ）
农学院（   ）

（三）听录音，写音节 Listen to the audio and fill in the blanks

（1）Túshūguǎn zài shénme（   ）?
（2）（   ）qián zǒu,（   ）lùkǒu yòu zhuǎn.
（3）Túshūguǎn zài jiàoxué lóu（   ）.
（4）Wǒmen jīntiān qù（   ）ba.

六、读一读 Read aloud

图书馆在教学楼后面，图书馆旁边是实验田。

小贴士 Tips

一、专业小贴士 Pro tip

整 地

整地：作物播种或移栽前，为使表土保持符合农业要求状态而进行的一系列土壤耕作措施。在中国，包括浅耕灭茬、耕翻、深松耕、耙地、耢地、镇压、平整土地、起垄、作畦等。目的在于形成良好的土壤耕层构造和表面状态，协调土壤中水、肥、气、热等因素，为播种和作物生长、田间管理提供合适的基础条件。

——农业大词典编辑委员会. 农业大词典. 北京：中国农业出版社，1998：2103.

Soil Preparation

Soil preparation: Before crops are sown or transplanted,a series of soil cultivation measures are carried out to keep the topsoil in a state that meets agricultural requirements. In China,it includes shallow plowing, stubble removal, plowing, deep loosening, harrowing, plowing, suppression, leveling, ridging, and furrowing.The purpose is to form a good soil plow layer structure and surface state,adjust factors such as water, fertilizer,air,and heat in the soil, and provide suitable basic conditions for sowing,crop growth,and field management.

—the Editorial Committee of the Great Dictionary of Agriculture. *The Great Dictionary of Agriculture*. Beijing: China Agriculture Press. 1998, p. 2103.

二、文化小贴士 Cultural tip

二十四节气

二十四节气是中国人通过观察太阳周年运动，认知一年中时令、气候、物候等方面变化规律所形成的知识体系和社会实践，指导着农业生产和日常生活。2016 年 11 月 30 日，"二十四节气——中国人通过观察太阳周年运动而形成的时间知识体系及其实践"被正式列入联合国教科文组织《人类非物质文化遗产代表作名录》。二十四节气具体包括：

立春："立"是开始的意思，立春就是春季的开始。

雨水：降雨开始，雨量渐增。

惊蛰：蛰是藏的意思。惊蛰是指春雷乍动，惊醒了蛰伏在土中冬眠的动物。

春分："分"是平分的意思。春分表示昼夜平分。

清明：天气晴朗，草木繁茂。

谷雨：雨生百谷。雨量充足而及时，谷类作物能茁壮成长。

立夏：夏季的开始。

小满：麦类等夏熟作物籽粒开始饱满。

芒种：麦类等有芒作物成熟。

夏至：炎热的夏天来临。

小暑："暑"是炎热的意思。小暑就是气候开始炎热。

大暑：一年中最热的时候。

立秋：秋季的开始。

处暑："处"是终止、躲藏的意思。处暑是表示炎热的暑天结束。

白露：天气转凉，露凝而白。

秋分：昼夜平分。

寒露：露水以寒，将要结冰。

霜降：天气渐冷，开始有霜。

立冬：冬季的开始。

小雪：开始下雪。

大雪：降雪量增多，地面可能积雪。

冬至：寒冷的冬天来临。

小寒：气候开始寒冷。

大寒：一年中最冷的时候。

Twenty-Four Solar Terms

The twenty-four solar terms are a knowledge system and social practice summarized by the Chinese people by observing the annual movement of the sun and understanding the changing laws of seasons, climate, and phenology in a year, guiding agricultural production and daily life. On November 30, 2016, "Twenty-Four Solar Terms—the time knowledge system and Its practice summarized by the Chinese through observing the annual movement of the sun" was officially included in the UNESCO Representative List of the Intangible Cultural Heritage of Humanity. The twenty-four solar terms specifically include：

Beginning of Spring（立春）: Beginning（立）, is start. So"立春"means the spring is beginning.

Rain Water（雨水）: rainfall begins；it rains more and more.

Awakening of Insects（惊蛰）:"蛰"means hibernating. Awakening of insects means that the weather warms up and spring thunder starts to sound, waking up insects dormant underground.

Spring Equinox（春分）:"分"means dividing equally. The meaning of the Spring Equinox is day and night equally in a day time.

Pure Brightness（清明）: It is a time of bright sunshine, vegetation growth and vigorous nature.

Grain rain（谷雨）: Rain give birth to hundreds of grains. With adequate and timely rainfall, cereal crops can thrive.

Beginning of Summer（立夏）：It indicates the official beginning of summer.

Grain Buds（小满）：The grains of summer crops，such as wheat，are becoming full.

Grain in Ear（芒种）：The crops with the present of awns，such as wheat，are mature.

The summer Solstice（夏至）：Hot summer is coming.

Minor Heat（小暑）："暑" means scorching heat．Minor heat means the weather starts to get hot.

Major Heat（大暑）：Major Heat is the hottest time in the year.

Beginning of Autumn（立秋）：Autumn begins.

End of Heat（处暑）："处" means "end and hide"．End of Heat means the end of scorching weather.

White Dew（白露）：As the weather is getting cooler，the dew is white.

Autumn Equinox（秋分）：The length of the day and night are equally on this day.

Cold Dew（寒露）：The dew is cold and is going to freeze.

Frost's Descent（霜降）：The drop in temperature starts，and the frost occurs.

Beginning of Winter（立冬）：The winter is beginning.

Minor Snow（小雪）：It starts to snow.

Major Snow（大雪）：It snows more and more．The ground may be covered by snow.

Winter Solstice（冬至）：The chill time of the winter is coming.

Minor cold（小寒）：The weather gets colder.

Major Cold（大寒）：It is the coldest time in a year.

第五课 这种土壤怎么样
Lesson 5 How Is This Soil

课前热身 Warm up

专业词汇 Specialized vocabulary

土壤	tǔrǎng	soil
消杀	xiāoshā	disinfection
消毒剂	xiāodújì	disinfectant

农业谚语 Agricultural proverb

Huángtǔ biàn hēitǔ, duō dǎ liǎng dàn wǔ.
黄 土 变 黑 土，多 打 两 石 五。

When the loess turns into black soil, you have more yield.

课文一

这种土壤怎么样

（在实验田）

麦克：王老师，这是什么土壤？

王老师：这是黑色土壤。

麦克：这种土壤好不好？

王老师：很好，适合种水稻。

Zhè zhǒng tǔrǎng zěnme yàng

（zài shíyàntián）

Màikè：Wáng lǎoshī，zhè shì shénme tǔrǎng？

Wáng lǎoshī：Zhè shì hēisè tǔrǎng.

Màikè: Zhè zhǒng tǔrǎng hǎo bu hǎo?

Wáng lǎoshī: Hěn hǎo, shìhé zhòng shuǐdào.

kèwén èr
课文二

我们有三瓶消毒剂

（在实验田）

麦克：王老师，今天做什么？

王老师：土壤消杀。

麦克：我们有消毒剂吗？

王老师：我们有三瓶消毒剂。

Wǒmen yǒu sān píng xiāodújì

（zài shíyàntián）

Màikè: Wáng lǎoshī, jīntiān zuò shénme?

Wáng lǎoshī: Tǔrǎng xiāoshā.

Màikè: Wǒmen yǒu xiāodújì ma?

Wáng lǎoshī: Wǒmen yǒu sān píng xiāodújì.

生词 New words

课文一 Text 1

这	（代）	zhè	this
怎么样	（代）	zěnmeyàng	how
黑色	（名）	hēisè	black
种	（量）	zhǒng	kind; sort; type; variety;
	（动）	zhòng	to plant; to sow; to grow; to cultivate
很	（副）	hěn	very
好	（形）	hǎo	good
适合	（动）	shìhé	to suit; to be fit for

课文二 Text 2

有	（动）	yǒu	to have

三	（数）	sān	three
瓶	（量）	píng	bottle

🌱 注释 Note

一、……怎么样？：这种土壤怎么样？

疑问代词"怎么样"用来询问状况，用于疑问句尾。例如：

"怎么样" is used to ask about all aspects of the person or thing，and used at the end of a sentence．For example：

（1）A：这种土壤怎么样？

B：很好。

（2）A：你的学校怎么样？

B：很漂亮（piàoliang，pretty）。

二、量词"瓶"：三瓶消毒剂

汉语中的常用量词，一般用于瓶装的东西。例如：

"瓶" is a commonly used measured word in Chinese，generally used for bottled things．For example：

一瓶水；三瓶啤酒（píjiǔ，beer[s]）

🌱 语法 Grammar

一、"有"字句"有"sentence

由动词"有"和它的宾语一起作谓语的句子叫做"有"字句，表示所有。

"有" sentence is one in which the predicate is composed of the verb "有" and its object．"有" sentence may express possessions．

1. 肯定形式 The affirmative form

$$A + 有 + B$$

例如 For example：

（1）我有消毒剂。

（2）我有哥哥（gēge，older brother）。

2．否定形式 The negative form

$$A + 没有 + B$$

例如 For example：

（1）我没有消毒剂。

（2）我没有哥哥。

3．疑问形式 The interrogative form

$$A + 有 + B + 吗？ / A + 有没有 + B？$$

例如 For example：

（1）你有哥哥吗？

（2）你有没有哥哥？

练习 Exercises

一、语音 Phonetics

1．辨调 Tones

zhē	zhé	zhě	zhè	➡	zhè	这
hāo	háo	hǎo	hào	➡	hǎo	好
zuō	zuó	zuǒ	zuò	➡	zuò	做
yōu	yóu	yǒu	yòu	➡	yǒu	有
pīng	píng		pìng	➡	píng	瓶

2．辨音 Pronunciations and tones

an–ang	en–eng	in–ing
bān–bāng	pēn–pēng	līn–līng
lán–láng	hén–héng	qín–qíng
gǎn–gǎng	fěn–fěng	jǐn–jǐng
kàn–kàng	wèn–wèng	xìn–xìng
ian–iang	un–in	ong–iong
lián–liáng	tūn–bīn	kōng–xiōng
qiān–qiāng	xún–xín	nóng–qióng
xiǎn–xiǎng	jǔn–jǐn	lǒng–jiǒng
nián–niáng	qūn–qīn	dòng–yòng

3.　多音节连读 Disyllabic and multi-syllabic reading

zěnmeyàng　　　　　xiāodújì　　　　　　shìhé

shíyàntián　　　　　hēisè　　　　　　　tǔrǎng

piàoliang　　　　　píjiǔ　　　　　　　xiāoshā

二、连线题 Matching the words and their pinyin

1.　黑色　　　　　　shìhé

　　这　　　　　　　hēisè

　　瓶　　　　　　　zhè

　　适合　　　　　　hěnhǎo

　　很好　　　　　　píng

2.　怎么样　　　　　zhǒng

　　种　　　　　　　yǒu

　　有　　　　　　　tǔrǎng

　　土壤　　　　　　zěnmeyàng

三、替换下划线词语 Replace the underline parts with the given words or phrases

1.　A：你有电脑吗？

　　B：有。（我有电脑。）

　　| 哥哥 | 孩子（háizi, child） | 姐姐（jiějie, older sister） | 种子 |

2.　A：你有没有弟弟？

　　B：没有。（我没有弟弟。）

　　| 电脑 | 手机 |
　　| 妹妹（mèimei, younger sister） | 消毒剂 |

3.　A：这种土壤怎么样？

　　B：很好。

　　| 学校 | 水稻种子 | 你的汉语 |

4.　我有三瓶消毒剂。

　　| 水 | 啤酒 | 饮料（yǐnliào, beverage） |

四、选词填空 Choose the right words to fill in the blanks

| 后面 | 很 | 适合 | 瓶 | 什么 |

1.　今天做（　　　）？

2.　这种土壤（　　　）好。

3.　我们有三（　　　）消毒剂。

4.　黑色土壤（　　　）种水稻。

5.　教学楼在实验田（　　　）。

五、听力 Listening

（一）听录音，选择正确音节 Listen to the audio and choose the right syllables

1.　A．dá　　　　　B．tǎ　　　　　C．nuó　　　　　D．lè

2.　A．dǎn　　　　B．tàn　　　　C．nàn　　　　D．làn

3.　A．dú　　　　　B．tū　　　　　C．nù　　　　　D．lù

4.　A．lēi　　　　　B．nèi　　　　C．děi　　　　　D．lèi

5.　A．téng　　　　B．dēng　　　C．nèn　　　　D．dèn

6.　A．dǎng　　　　B．làng　　　C．náng　　　　D．tāng

7.　A．dèng　　　　B．lèng　　　C．nèn　　　　D．téng

8.　A．dǐ　　　　　B．tǐ　　　　　C．nǐ　　　　　D．lǐ

9.　A．liù　　　　　B．lǒu　　　　C．tiáo　　　　D．niào

10．A．diān　　　　B．lǐn　　　　C．tìng　　　　D．níng

（二）听录音，在词语后边写上听到的序号 Listen to the audio and write down the numbers that you hear behind the words

黑色（　　　）　　　　这种（　　　）　　　　土壤（　　　）　　　　有（　　　）

很好（　　　）　　　　做（　　　）　　　　什么（　　　）　　　　适合（　　　）

（三）听录音，写音节 Listen to the audio and fill in the blanks

1.　Wǒmen yǒu（　　　）xiāodújì.

2.　Zhè（　　　）tǔrǎng hǎo bu hǎo？

3.　（　　　）zhòng shuǐdào.

4.　Jīntiān（　　　）shénme？

六、读一读 Read aloud

　　这是黑色土壤。这种土壤很好，适合种水稻。

小贴士 Tips

一、专业小贴士 Pro tip

黑色土壤（黑土）

黑色土壤，也叫黑土，温带湿润气候与草原草甸植被下发育的具有深厚腐殖质层的土壤。在中国主要分布于黑龙江省和吉林省中部，大、小兴安岭和长白山等山前波状平原和台地上；干旱地区海拔 2000 米以上的平缓山顶也有少量分布。其形成不仅具有草甸化的腐殖质积累过程，还具有森林土壤的黏化和盐基淋溶过程。黑土自然肥力很高，大部分已开垦为农田，盛产大豆、高粱、玉米和小麦，是松嫩平原地区的主要农业土壤。

——节选自：农业大词典编辑委员会. 农业大词典. 北京：中国农业出版社，1998：633.

Black Soil

Black soil (黑色土壤), also called 黑土 in short in Chinese, is the soil with deep humus layer developed under the vegetation of grassland and meadow in humid temperate zone. In China, it is mainly distributed in the central part of Heilongjiang Province and Jilin Province, on the piedmont undulating plains and terraces of the Greater and Lesser Khingan Mountains and Changbai Mountains; there are also a small amount of distribution on gentle mountain tops above 2 000 m in arid areas. Its formation not only has the process of humus accumulation in meadow, but also has the process of argilication and base leaching of forest soil. The black soil has high natural fertility, and most of it has been reclaimed as farmland. It is rich in soybeans, sorghum, corn and wheat. It is the main agricultural soil in the Songnen Plain.

—Excerpted from: The Editorial Committee of the Great Dictionary of Agriculture. *The Great Dictionary of Agriculture*. Beijing: China Agriculture Press, 1998, p. 633.

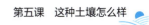

二、文化小贴士Cultural tip

汉语常用量词Commonly Used Chinese Measure Words

一辆车 a car

一碗米饭 a bowl of rice

一盘饺子 a plate of dumplings

一杯咖啡 a cup of coffee

一双筷子 a pair of chopsticks

一把勺子 a spoon

一支笔 a pen

一块手表 a watch

一本书/词典 a book/a dictionary

一门课 a course

一位老师 a teacher

一件外套 a coat

一双鞋 a pair of shoes

一台电脑 a computer

一部手机 a mobile phone

一副眼镜 a pair of glasses

一张桌子 a table

一条裤子 a pair of trousers

一个苹果 an apple

一封信/电子邮件 a letter/an email

第六课　我已经买了种子

Lesson 6　I Have Bought Seeds

kè qián rè shēn
课前热身 Warm up

zhuān yè cí huì
专业词汇 Specialized vocabulary

育苗	yùmiáo	raise seedling；seedling culture
晾晒	liàngshài	air-cure
消毒	xiāodú	to disinfect；to sterilize
催芽	cuīyá	to promote germination
秧苗	yāngmiáo	rice seedling
苗床	miáochuáng	seedbed

nóng yè yàn yǔ
农业谚语 Agricultural proverb

Bō qián bǎ zhǒng shài，　bō hòu fā yá kuài.
播前把　种　晒，播后发芽快。

Dry the seeds before sowing，and they will germinate quickly after sowing.

kèwén yī
课文一

我已经买了种子

（在教室）

麦　克：王老师，水稻怎么育苗？

王老师：先晾晒、选种，然后消毒和催芽。

麦　克：我已经买了种子。

王老师：买了几斤？

麦　克：买了四斤。

王老师：好的，开始晾晒吧。

Wǒ yǐjīng mǎi le zhǒngzi

（zài jiàoshì）

Màikè：Wáng lǎoshī，shuǐdào zěnme yùmiáo?

Wáng lǎoshī：Xiān liàngshài、xuǎnzhǒng，ránhòu xiāodú hé cuīyá.

Màikè：Wǒ yǐjīng mǎi le zhǒngzi.

Wáng lǎoshī：Mǎi le jǐ jīn?

Màikè：Mǎi le sì jīn.

Wáng lǎoshī：Hǎo de，kāishǐ liàngshài ba.

kèwén èr
课文二

秧苗长了一厘米

（在实验室）

王老师：秧苗怎么样?

大　卫：很好，今天长了一厘米。

王老师：苗床浇水了吗?

大　卫：浇了。

Yāngmiáo zhǎng le yī límǐ

（zài shíyànshì）

Wáng lǎoshī：Yāngmiáo zěnmeyàng?

Dàwèi：Hěn hǎo，jīntiān zhǎng le yī límǐ.

Wáng lǎoshī：Miáochuáng jiāo shuǐ le ma?

Dàwèi：Jiāo le.

🌱 生词 New words

课文一 Text 1

已经	（副）	yǐjīng	already
了	（助）	le	a particle used after a verb or adjective to indicate that an action or change has been completed
先	（名/副）	xiān	earlier; before; first; in advance
然后	（连）	ránhòu	then; after that; afterwards:

和	（连）	hé	and；as well as
几	（代）	jǐ	how many；how much
斤	（量）	jīn	a unit of weight (=1/2 kilogram)
好的		hǎo de	okey
四	（数）	sì	four
开始	（动）	kāishǐ	to start；to begin

课文二 Text 2

长	（动）	zhǎng	to grow；to develop
一	（数）	yī	one
厘米	（名）	límǐ	cm (centimetre)
浇	（动）	jiāo	to pour liquid on
水	（名）	shuǐ	water

✿ 注释 Note

一、好的：好的，开始晾晒吧。

"好的"常常用作应答语，主要功能是应允，对发话者的建议、请求、命令表示答应、接受或同意等；有时具有确认功能，应答者确认理解并接受说话人信息或表示信息已经收到。例如：

"好的" is often used as a reply，its main function is to answer，to express promise，acceptance or agreement to the speaker's suggestions，requests，orders，etc. ；sometimes it has an acknowledgment function，where the respondent confirms understanding and acceptance of the speaker's message or indicates that the message has been received. For example：

（1）A：明天我们去整地吧。

B：好的。（表示同意）

（2）A：我已经买了三斤种子。

B：好的。（表示信息已经收到）

二、数字的表达 Expression of the numbers

yī	èr	sān	sì	wǔ	liù	qī	bā	jiǔ	shí
一	二	三	四	五	六	七	八	九	十
1	2	3	4	5	6	7	8	9	10

shíyī	èrshí	èrshíyī	jiǔshíjiǔ
十一	二十	二十一	九十九
11	20	21	99

yībǎi	yībǎilíngyī	yībǎiyī（shí）	yībǎiyīshíyī
一百	一百零一	一百一（十）	一百一十一
100	101	110	111

yīqiān	yīqiānlíngyī	yīqiānlíngyīshí	yīqiānlíngyīshíyī
一千	一千零一	一千零一十	一千零一十一
1000	1001	1010	1011

yīqiānyī（bǎi）	yīqiānyībǎiyī（shí）	yīqiānyībǎiyīshíyī
一千一（百）	一千一百一（十）	一千一百一十一
1100	1110	1111

yīwàn	yīwànlíngyī	yīwànlíngyīshí	yīwànlíngyībǎi
一万	一万零一	一万零一十	一万零一百
10000	10001	10010	10110

yīwànyīqiān	yīwànyīqiānyī（bǎi）	yīwànyīqiānyībǎiyī（shí）
一万一千	一万一千一（百）	一万一千一百一（十）
11000	11100	11110

yīwànyīqiānyībǎiyīshíyī
一万一千一百一十一
11111

三、"一"的变调 The Sandhi of "一"

数词"一（yī）"，本调是第一声，在单独念、数数或读号码时，读本调。

The basic tone of the numeral "一" is the first tone. When read alone, or in counting or calling out numbers, its basic tone is used.

"一"的发音根据后面音节的声调改变。"一"后面的音节是第一声、第二声、第三声时，"一"读做第四声"yì"；"一"后边的音节是第四声时，"一"读做第二声

"yí"。例如：

The tone of "一" is changed according to the tones of the syllable that comes after it：if preceded by the first，the second or the third tone，"一" is pronounced as the forth tone；if it is preceded by a forth tone，it is pronounced as the second tone．For example：

yìjīn	yìtái	yìzhǒng	yígè
yìbān	yìnián	yìdiǎn	yíjiàn

🌱 语法 Grammar

一、动作的完成 The Completion of an act

1.　动词后边加上动态助词"了"，表示动作完成或实现。经常用在以下的格式中。

When a verb is followed by the aspect particle "了"，it indicates an act is completed or realized．It is often used in the pattern in below．

> 动词 + 了 + 数量短语/形容词/代词 + 宾语
>
> verb + 了 + quantity phrase/adjective/pronoun + object

例如 For example：

（1）秧苗长了一厘米。

（2）我买了一本书（yī běn shū，a book）。

（3）麦克做了一次（cì，time[s]）土壤消杀。

2.　否定形式中，句末不用"了"。

In the negative form，"了" cannot be used at the end of the sentence．

> 没（有） + 动词 + （宾语）
>
> 没（有） + verb + (object)

例如 For example：

（1）秧苗没长。

（2）我没买书。

（3）麦克没做土壤消杀。

3.　一般疑问句形式 The general interrogative sentence form

> 主语 + 谓语 + （宾语） + 了吗?

例如 For example：

　　A：秧苗长了吗?

　　B：长了。/没（有）长。

4.　正反疑问句形式 The affirmative-negative form

> 主语＋谓语＋（宾语）＋了没有？ /动词＋没（有）＋动词
>
> 主语＋谓语＋（宾语）＋了没有？ / Subject + verb + (object) + 没（有）+ verb

例如 For example：

　　A：你买书了没有？ =你买没买书？

　　B：买了。/没（有）买。

二、怎么问（5）Interrogation sentences（5）

　　数词"几"用来询问数量。数量在 10 以下可以用"几"提问。例如：

"几" are used to inquire about the quantity. "几" can be used to ask about the quantity less than 10. For example：

（1）A：种子买了几斤？

　　B：三斤。

（2）A：秧苗长了几厘米？

　　B：一厘米。

🌱 练习 Exercises

一、语音 Phonetics

1.　辨调 Tones

				→		
jīng		jǐng	jìng	→	jīng	经
xiān	xián	xiǎn	xiàn	→	xiān	先
hōu	hóu	hǒu	hòu	→	hòu	后
kāi		kǎi	kài	→	kāi	开
sī		sǐ	sì	→	sì	四
hē	hé		hè	→	hé	和
jī	jí	jǐ	jì	→	jǐ	几
mī	mí	mǐ	mì	→	mǐ	米
jiāo	jiáo	jiǎo	jiào	→	jiāo	浇
	shuí	shuǐ	shuì	→	shuǐ	水
zhāng		zhǎng	zhàng	→	zhǎng	长

2. 辨音 Pronunciations and tones

ia–ian	ie–üe	üe–üan
jiā–jiān	jiē–juē	juē–juān
xiá–xián	qié–qué	qué–quán
qiǎ–qiǎn	xiě–xuě	xuě–xuǎn
xià–xiàn	jiè–juè	juè–juàn
uai–uei	ua–uo	ua–uan
guāi–guī	zhuā–zhuō	zhuā–zhuān
huái–huí	huá–huó	huá–huán
guǎi–guǐ	guǎ–guǒ	zhuǎ–zhuǎn
kuài–kuì	shuà–shuò	guà–guàn

3. 多音节连读 Disyllabic and multi-syllabic reading

yǐjīng	ránhòu	hǎo de	kāishǐ	jiāo shuǐ
yínháng	yīdìng	xǐhuan	diànnǎo	límǐ
yībǎilíngyī		yīqiānlíngyīshí		yīwànlíngyībǎi

4. "一" 的变调 Tone Sandhi of 一

yī	shíyī	èrshíyī	sānshíyī	
yìbān	yìpāo	yìduān	yìtān	yìzhuān
yìnián	yìlái	yìtuán	yìhéng	yìmén
yìpǎo	yìlěng	yìshǎn	yìhǎn	yìzhuǎn
yíbàn	yípào	yíduàn	yítàn	yízhuàn

二、连线题 Matching the words and their pinyin

1. 已经   hǎo de

    了   jǐ

    然后   kāishǐ

    和   le

    几   hé

    开始   ránhòu

    好的   yǐjīng

2. 长　　　　　　　jiāo

　　厘米　　　　　　zhǎng

　　浇　　　　　　　shuǐ

　　水　　　　　　　límǐ

3. 育苗　　　　　　yāngmiáo

　　消毒　　　　　　cuīyá

　　晾晒　　　　　　miáochuáng

　　催芽　　　　　　yùmiáo

　　秧苗　　　　　　liàngshài

　　苗床　　　　　　xiāodú

三、替换下划线词语 Replace the underline parts with the given words or phrases

1. A：今天开始<u>学习</u>吧？

　　B：好的。

> 整地　　上课（shàngkè，to attend class）

2. A：我买<u>苹果</u>。

　　B：买几<u>个</u>？

　　A：三<u>个</u>。

> 种子/斤（jīn，half kilogram）
>
> 词典（cídiǎn，dictionary）/本（běn，a measure word used to count things like notebook）
>
> 面包（miànbāo，bread）/个

3. A：我们先<u>晒种</u>，然后<u>选种</u>。

　　B：好的。

> 整地/消毒　　往前走/往右转　　去图书馆/去实验田

4. A：你<u>买</u>了什么？

　　B：我<u>买</u>了<u>种子</u>。

> 学（xué，to study）/汉语　　吃（chī，to eat）/米饭（mǐfàn，cooked rice）
>
> 种/水稻

5. A：今天<u>苗床浇水</u>了吗？

　　B：<u>浇</u>了。/没有。

> 买种子　　学汉语　　育苗

6. A：秧苗<u>长</u>了<u>几厘米</u>？

   B：<u>长</u>了<u>一厘米</u>。

> 种子/买/三斤　　　汉语/学/一年（nián，year）
>
> 消毒剂/准备（zhǔnbèi，to prepare）/四瓶

四、选词填空 Choose the right words to fill in the blanks

> 已经　　和　　几　　开始　　了　　先　　然后　　长

1. 昨天我买（　　　）一本书。
2. 你有（　　　）个实验室？
3. 我昨天（　　　）整了地。
4. 我们（　　　）育苗吧。
5. 麦克（　　　）插秧了。
6. 麦克（　　　）大卫是学生。
7. 今天秧苗（　　　）了几厘米？
8. 昨天大卫（　　　）去了教室，（　　　）去了农资商店。

五、听力 Listening

（一）听录音，选择正确音节 Listen to the audio and choose the right syllables

1. A．há　　　　B．kǎ　　　　C．guó　　　　D．gè
2. A．gǎn　　　B．kàn　　　C．hàn　　　D．làn
3. A．hú　　　　B．gū　　　　C．kù　　　　D．lù
4. A．hēi　　　B．nèi　　　C．gěi　　　D．lèi
5. A．héng　　B．kēng　　C．gèn　　　D．hèn
6. A．gǎng　　B．hàng　　C．káng　　　D．gāng
7. A．gèng　　B．lèng　　C．nèn　　　D．héng
8. A．guǎn　　B．kuǎn　　C．luàn　　　D．huǎn
9. A．liù　　　B．gǒu　　　C．háo　　　D．kào
10. A．guāi　　B．huái　　C．kuài　　　D．nuǎn

（二）听录音，在词语后边写上听到的序号 Listen to the audio and write down the numbers that you hear behind the words

开始（　　　）　　　已经（　　　）　　　先（　　　）　　　然后（　　　）

几斤（　　　）　　　好的（　　　）　　　浇水（　　　）　　　长了（　　　）

四厘米（　　　）　　　我和你（　　　）

（三）听录音，写音节 Listen to the audio and fill in the blanks

1. Yāngmiáo（　　）le yī límǐ.

2. Jīntiān（　　）zěnmeyàng?

3. Wǒ（　　）mǎi le zhǒngzi.

4. Miáochuáng（　　）le ma?

5. （　　）liàngshài、xuǎnzhǒng,（　　）xiāodú hé cuīyá.

六、读一读 Read aloud

麦克买了四斤种子，开始育苗。大卫说秧苗长了一厘米，苗床浇了水。

 Tips

一、专业小贴士 Pro tip

育 苗

选择适宜地块培育作物幼苗以备移栽的作业。育苗能协调茬口安排，增加复种；提早播种，调节劳力，集中管理，培育壮苗。多用于水稻、甘薯和某些经济作物的栽培。

——中国农业百科全书总编辑委员会农作物卷编辑委员会，中国农业百科全书编辑部．中国农业百科全书：农作物卷（下）．北京：农业出版社，1991：755．

Seedling Cultivation

Seedling cultivation is the operation of selecting suitable land to cultivate crop seedlings for transplanting. Seedling cultivation can coordinate stubble arrangements and increase multiple cropping; seedling cultivation can also sow seeds earlier, adjust labor use, centralize management, and cultivate strong seedlings. it is mostly used for the cultivation of rice, sweet potato and some economic crops.

—Crop Volume Editorial Committee of China Agricultural Encyclopedia Chief Editorial Committee, China Agricultural Encyclopedia Editorial Department. *Chinese Agricultural Encyclopedia: Crop Volume II*. Beijing: Agriculture Press, 1991, p. 755.

二、文化小贴士 Cultural tip

常用亲属称谓　Common Relatives' Appellation

祖父	grandfather
外祖父	grandpa
祖母	grandmother
外祖母	grandma
父亲	father，dad
母亲	mother，mom
伯父	father's elder brother (uncle)
伯母	the wife of father's elder brother's (aunt)
叔父	father's younger brother (uncle)
婶婶	the wife of a father's younger brother's (aunt)
姑妈	father's sister or younger sister (aunt)
姑丈/姑父	father's sister's husband (uncle)
舅舅	mother's brothers (uncle)
舅妈	the wife of mother's brother (aunt)
姨妈	mother's elder sister or younger sister (aunt)
姨丈/姨父	mother's sister's husband (uncle)
儿子	son
女儿	daughter
哥哥	the elder brother
弟弟	the younger brother
姐姐	the elder sister
妹妹	the younger sister

第七课 昨天插秧了吗

Lesson 7 Did You Transplant Rice Seedlings Yesterday

课前热身 Warm up

zhuān yè cí huì
专业词汇 Specialized vocabulary

插秧　　　chāyāng　　　transplant rice seedlings [shoots]；rice transplanting

nóng yè yàn yǔ
农业谚语 Agricultural proverb

Qīng shuǐ xià zhǒng， hún shuǐ chā yāng.
清 水 下 种 ， 浑 水 插 秧 。
Sowing in clear water，transplanting in muddy water.

kèwén yī
课文一

昨天插秧了吗

（在图书馆）

李明：昨天插秧了吗？

麦克：没有。

李明：为什么？

麦克：昨天刚做了土壤消杀。

李明：什么时候插秧？

麦克：下个星期。

Zuótiān chāyāng le ma

（zài túshūguǎn）

Lǐ Míng：Zuótiān chāyāng le ma?

Màikè：Méiyǒu.

Lǐ Míng：Wèi shénme?

Màikè：Zuótiān gāng zuò le tǔrǎng xiāoshā.

Lǐ Míng：Shénme shíhou chāyāng?

Màikè：Xià gè xīngqī.

kèwén èr
课文二

今天星期几

（在实验室）

李明：今天几号？

麦克：今天 3 号。

李明：今天星期几？

麦克：今天星期五。

李明：可以去插秧吗？

麦克：可以。

李明：你跟谁一起去？

麦克：我跟大卫一起去。

Jīntiān xīngqī jǐ

（zài shíyànshì）

Lǐ Míng：Jīntiān jǐ hào?

Màikè：Jīntiān 3 hào.

Lǐ Míng：Jīntiān xīngqī jǐ?

Màikè：Jīntiān xīngqī wǔ.

Lǐ Míng：Kěyǐ qù chāyāng ma?

Màikè：Kěyǐ.

Lǐ Míng：Nǐ gēn shuí yīqǐ qù?

Màikè：Wǒ gēn Dàwèi yīqǐ qù.

🌱 生词 New words

课文一 Text 1

没	（副）	méi	(adv.) no；not；never
	（动）	méi	(v.) not to have

为什么		wèishénme	why
刚	（副）	gāng	only a short while ago；just
时候	（名）	shíhou	(the duration of) time
下	（名）	xià	next
星期	（名）	xīngqī	week

课文二 Text 2

号（儿）	（量）	hào (r)	date
星期五	（名）	xīngqī wǔ	Friday
可以	（能愿）	kěyǐ	can；may
跟	（动）	gēn	to follow
	（介）	gēn	with
谁	（疑问代词）	shuí	who；whom
一起	（副）	yīqǐ	together

✿ 注释 Note

星期的表达 Expression of the weekdays

xīngqī yī	xīngqī èr	xīngqī sān	xīngqī sì	xīngqī wǔ
星期一	星期二	星期三	星期四	星期五
Monday	Tuesday	Wednesday	Thursday	Friday

xīngqī liù	xīngqī rì （tiān）
星期六	星期日（天）
Saturday	Sunday

✿ 语法 Grammar

一、名词谓语句 The sentence with a nominal predicate

汉语中，有些名词性成分也可以充当句子的谓语。这种句子叫名词谓语句。名词谓语句主要用于表达时间、日期、数量、价格、天气、年龄等。基本结构形式为：

In Chinese, some nominal elements may function as the predicates of sentences. This kind of sentence is called the sentence with a nominal predicate. It is often used to express time, price, date, amount, weather, age, one's native place, etc. The basic structure is:

主语（S）＋谓语（P）

subject + predicate

名词谓语句的否定形式为：

The negative form is:

主语（S）＋不是＋谓语（P）

subject + 不是 + predicate

今天星期一。　　　　　　　➡ 今天不是星期一。

今天 5 号。　　　　　　　　➡ 今天不是 5 号。

种子一斤，消毒剂一瓶。　　➡ 种子不是一斤，消毒剂不是一瓶。

今天晴天（qíngtiān，sunny day）。　➡ 今天不是晴天。

李明 22 岁（suì，years old）。　➡ 李明不是 22 岁。

二、能愿动词（1）："可以"的用法 Modal verbs（1）：The usage of "可以"

1. 表示主观上具有某种能力。例如：

    It indicates subjective ability．For example：

    （1）他可以去买种子。

    （2）我可以跟他一起去。

2. 表示具备某种客观条件。例如：

    It indicates that certain objective conditions are met．For example：

    （1）今天可以插秧了。

    （2）黑色土壤可以种水稻。

> 注意 Note：
>
> 上述两义在陈述句中，否定意思用"不能"。例如：
>
> If it is the meanings which are used in the above two declarative sentences，the negative
>
> form is "不能"．For example：
>
> （1）今天不能插秧。
>
> （2）这种土壤不能种水稻。

3. 表示情理上许可。

    It indicates that it is emotionally permissible．For example：

这儿（zhèr，here）可以吸烟（xīyān，to smoke）。

在陈述句里表达否定意思时，用"不能"。例如：

If it is this meaning used in a negative declarative sentence, the negative form is "不能".

For example：

这儿不能吸烟。

单独回答问题时用"不行"/"不成"。例如：

Use "不行" and "不行" when answering questions individually. For example：

A：这儿可以吸烟吗？

B：不行。

练习 Exercises

一、语音 Phonetics

1. 辨调 Tones

yōu	yóu	yǒu	yòu	➡ yǒu	有
	méi	měi	mèi	➡ méi	没
xiā	xiá		xià	➡ xià	下
wēi	wéi	wěi	wèi	➡ wèi	为
gāng		gǎng	gàng	➡ gāng	刚
xīng	xíng	xǐng	xìng	➡ xīng	星
wū	wú	wǔ	wù	➡ wǔ	五
kē	ké	kě	kè	➡ kě	可
gēn	gén	gěn	gèn	➡ gēn	跟

2. 辨音 Pronunciations and tones

nǐ–lǐ	guā–kuā	nuó–luó
mǐ–lǐ	rén–réng	xiào–tiào
jī–dī	jiǔ–qiǔ	kuì–kùn
yī–yīng	nán–lán	chē–zhē
wū–yū	xiǎo–qiǎo	gě–kě
yē–yuē	xuè–yuè	zhě–chě
má–fá	guà–guò	tè–chè

3. 多音节连读 Disyllabic and multi-syllabic reading

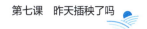

zuótiān   méiyǒu   shíhou   kěyǐ   jǐ hào

wèishénme   xīngqī wǔ   qù chāyāng   yīqǐ mǎi

二、连线题 Matching the words and their pinyin

1.　昨天　　　　　　　　　shíhou

　　没有　　　　　　　　　xià

　　为什么　　　　　　　　méiyǒu

　　刚　　　　　　　　　　gāng

　　时候　　　　　　　　　wèishénme

　　下　　　　　　　　　　zuótiān

2.　号（儿）　　　　　　　chāyāng

　　星期五　　　　　　　　yīqǐ

　　可以　　　　　　　　　hào(r)

　　跟　　　　　　　　　　kěyǐ

　　谁　　　　　　　　　　xīngqī wǔ

　　一起　　　　　　　　　gēn

　　插秧　　　　　　　　　shuí

三、替换下划线词语 Replace the underline parts with the given words or phrases

1.　A：昨天<u>插秧</u>了吗？

　　B：插了。/没有。/没插。

土壤/消杀　　　　种子/晾晒　　　　秧苗/长

2.　A：今天几号儿？

　　B：今天<u>1</u>号儿。

8　　　　10　　　　25　　　　31

3.　A：今天星期几？

　　B：今天<u>星期一</u>。

星期二　　　　星期六　　　　星期日

4.　A：你什么时候<u>选种</u>？

　　B：下星期二。

消杀　　　　育苗　　　　去实验室

5.　A：图书馆可以<u>育苗</u>吗？

　　B：不能。

插秧	买种子	浇水

6. A：你跟谁一起去商店?

   B：我跟麦克一起去。

学习汉语	去教室	吃饭（chīfàn，have a meal）

四、选词填空 Choose the right words to fill in the blanks

为什么	可以	没有	什么时候	一起	谁	跟

1. 他（　　）可以去实验田?

2. 麦克（　　）买种子。

3. 星期一大卫（　　）没去教室?

4. 我（　　）李明（　　）消杀土壤。

5. 他是（　　）?

6. 星期日李明（　　）不去上课。

五、听力 Listening

（一）听录音，选择正确音节 Listen to the audio and choose the right syllables

1. A. zhī   B. chī   C. shī   D. jī

2. A. jù   B. zhù   C. chù   D. sù

3. A. zhāo   B. chāo   C. shāo   D. shā

4. A. zhēn   B. chēn   C. shēn   D. shē

5. A. zhāi   B. chāi   C. shāi   D. shā

6. A. zhā   B. chā   C. shā   D. shuā

7. A. shū   B. shú   C. shǔ   D. shù

8. A. chē   B. shé   C. chě   D. chè

9. A. zhuī   B. chuī   C. shuí   D. shū

10. A. zhǔn   B. chǔn   C. zhǔ   D. chǔ

（二）听录音，在词语后边写上听到的序号 Listen to the audio and write down the numbers that you hear behind the words

昨天（　　）   没有（　　）   为什么（　　）   刚（　　）

时候（　　）   下星期（　　）   2号（儿）（　　）   可以（　　）

跟谁一起（　　）

（三）听录音，写音节 Listen to the audio and fill in the blanks.

（1）Zuótiān chāyāng（　　）ma?

（2）Shénme（　　）chāyāng？

（3）Jīntiān（　　）？

（4）Jīntiān（　　）？

（5）Wǒ gēn Dàwèi（　　）qù.

六、说一说 Expression

今天 3 号，星期五，麦克跟大卫一起去插秧。

 **Tips**

一、专业小贴士 Pro tip

移　栽

　　将播种在苗床或秧田的幼苗移至大田栽种的技术措施，也称移植。也是作物栽培过程中补苗的一种措施。在秧田或苗床集中培育壮苗，可减轻田间草害，但费工费时。水稻、甘薯、棉花、油菜、甘蔗等生产中多用此法。在一年两熟和多熟制地区，应用更为广泛。

　　移栽时必须掌握适宜苗龄，保证后作及时种、收，以调节茬口、季节和劳力等矛盾。还应兼顾上、下季作物稳产高产等原则。

　　——中国农业百科全书总编辑委员会农作物卷编辑委员会，中国农业百科全书编辑部. 中国农业百科全书：农作物卷（下）. 北京：农业出版社，1991：715.

Transplanting

Transplanting（移栽）is a technical measure to move seedlings sown in seedbeds or seedling fields to field planting, also known as 移植. It is also a measure to replenish seedlings in the process of crop cultivation. Concentrated cultivation of strong seedlings in seedling fields or seedbeds can reduce field weed damage, but it is labor-intensive and time-consuming. This method is often used in the production of rice, sweet potato, cotton, rapeseed, sugar cane, etc. Transplanting is more widely used in areas with double cropping and multi-cropping a year.

When transplanting, it is necessary to know the appropriate seedling age to ensure timely planting and harvesting in order to adjust the contradictions of stubble, season and labor. Transplanting should also take into account the principles of stable and high yield of crops in the previous and next seasons.

— Crop Volume Editorial Committee of China Agricultural Encyclopedia Chief Editorial Committee, China Agricultural Encyclopedia Editorial Department. *Chinese Agricultural Encyclopedia: Crop Volume II*. Beijing：Agriculture Press, 1991, p. 715.

二、文化小贴士 Cultural tip

中国最重要的节日——春节

中国民间传统的新年节日。新年指夏历元旦，即正月初一。这是一年中最隆重的节日，汉、壮、布依、侗、朝鲜、仡佬、瑶、畲、京、达斡尔等民族都过此节。主要内容是腊月二十四过小年、大年除夕吃团圆饭、贴门神和春联、放爆竹，以正月十五闹元宵结束。

——节选自：中国百科大辞典编委会；袁世全. 中国百科大辞典. 北京：华夏出版社，1990：124.

The Most Important Festival in China—Spring Festival

The Spring Festival is a traditional Chinese New Year festival. Chinese New Year refers to New Year's Day of the traditional Chinese calendar, which is the first day of the first lunar month. This is the most solemn festival of the year, and is celebrated by Han, Zhuang, Buyi, Dong, Korean, Gelao, Yao, She, Jing, Daur and other nationalities. Chinese people celebrate from Minor New Year on the 24th of the twelfth lunar month. They have a reunion dinner on Chinese New Year's Eve, post door gods and Spring Festival couplets, and set off firecracker. The celebration ends with the Lantern Festival on the fifteenth day of the first lunar month.

—Excerpted from：The editorial board of the Encyclopedia of China Encyclopedia；Yuan Shiquan. *Encyclopedia of China*. Beijing：Huaxia Publishing House, 1990, p. 124.

第八课　你会施肥吗

Lesson 8　Can You Fertilize

kè qián rè shēn
课前热身 Warm up

---

zhuān yè cí huì
专业词汇 Specialized vocabulary

肥料	féiliào	fertilizer
有机肥	yǒujīféi	organic fertilizer
施肥	shīféi	to apply fertilizer

---

nóng yè yàn yǔ
农业谚语 Agricultural proverb

Duō shōu shǎo shōu zài féi，　yǒu shōu wú shōu zài shuǐ.
多 收 少 收 在 肥，有 收 无 收 在 水 。

Whether the harvest is more or less depends on the fertilizer; whether there is harvest or

not depends on the water.

---

kèwén yī
课文一

你想买什么

（在农资商店）

售货员：你想买什么？

李　明：我要买水稻肥料。有机肥怎么卖？

售货员：240 块钱一袋。

李　明：太贵了！

售货员：那种便宜。200 块钱一袋。

李　明：好的，我要五袋。

Nǐ xiǎng mǎi shénme

（zài nóngzī shāngdiàn）

Shòuhuòyuán: Nǐ xiǎng mǎi shénme?

Lǐ Míng: Wǒ yào mǎi shuǐdào féiliào. Yǒujīféi zěnme mài?

Shòuhuòyuán: 240 kuài qián yī dài.

Lǐ Míng: Tài guì le!

Shòuhuòyuán: Nà zhǒng piányi. 200 kuài qián yī dài.

Lǐ Míng: Hǎo de, wǒ yào wǔ dài.

kèwén èr
课文二

你会施肥吗

（在实验田）

大卫：麦克，今天我们要去施肥吗?

麦克：对，你会施肥吗?

大卫：我不会。你会吗?

麦克：我也不会。你呢，李明?

李明：水稻一共要施四次肥料。

Nǐ huì shīféi ma

（zài shíyàntián）

Dàwèi: Màikè, Jīntiān wǒmen yào qù shīféi ma?

Màikè: Duì, nǐ huì shīféi ma?

Dàwèi: Wǒ bù huì. Nǐ huì ma?

Màikè: Wǒ yě bù huì. Nǐ ne, Lǐ Míng?

Lǐ Míng: Shuǐdào yīgòng yào shī sì cì féiliào.

🌿 生词 New words

课文一 Text 1

想	（动）	xiǎng	to want
要	（动）	yào	to ask for
	（能愿）	yào	shall；will；to want；to wish
卖	（动）	mài	to sell
块	（量）	kuài	yuan，monetary unit of China

钱	（名）	qián	money
袋	（量）	dài	sack; bag
贵	（形）	guì	expensive
便宜	（形）	piányi	cheap
五	（数）	wǔ	five

课文二 Text 2

对	（动）	duì	yes
会	（能愿）	huì	be able to; can
呢	（助）	ne	a modal particle used at the end of an interrogative sentence
一共	（副）	yīgòng	in all
施	（动）	shī	to apply
次	（量）	cì	time(s)

🌱 注释 Note

一、怎么卖：有机肥怎么卖？

这是买东西时问价钱的说法。例如：

This is a way of asking the price when buying something. For example:

……怎么卖？

例如：

（1）香蕉（xiāngjiāo，banana）怎么卖？

（2）西瓜（xīguā，watermelon）怎么卖？

二、块：240 块钱一袋

人民币的计算单位："元""角"，口语中说"块""毛"。例如：

The calculation unit of RMB："元" and "角"，in colloquial terms "块" and "毛"．For example：

240 元——240 块

30 元——30 块

0.3 元——3 角（毛）

0.8 元——8 角（毛）

32.7 元——三十二元七角——三十二块七毛

47.50 元——四十七元五角——四十七块五（毛）

828.70 元——八百二十八元七角——八百二十八块七（毛）

三、太……了：太贵了！

"太 + 形容词 + 了"表示程度过分或程度高。前者用于表达不满意，后者用于赞叹。例如：

"too + adjective + 了" means that the degree is too excessive or so high. The former is used to express discontent. The latter is used to express admiration. For example：

（1）不满意 discontent

太小了（小 xiǎo, small）！

太晚了（晚 wǎn, late）！

太累了（累 lèi, tired）！

（2）赞叹、赞美 admiration

太好了！

太漂亮了！

语法 Grammar

一、怎么问（6）Interrogation Sentences（6）

省略问句"……呢"有两种用法。

There are two usages of elliptical questions with "……呢".

1. 在没有上下文的情况下，问的是处所。例如：

Without a specific context it refers to the whereabouts of someone or something，For example：

（1）我的书呢？（＝我的书在哪儿？）

（2）麦克呢？（＝麦克在哪儿？）

2. 有上下文时，词义要根据上下文判定。例如：

If there is a context，the reference is dependent on the context. For example：

（1）A：你是哪国人？

　　　B：我是中国人，你呢？（＝你是哪国人？）

　　　A：我是美国人。（美国 Měiguó，America）

（2）A：你去哪儿？

　　　B：我去商店，你呢？（＝你去哪儿？）

　　　A：我去教室。

二、能愿动词（2）Modal verbs(2)

（一）能愿动词，也叫"助动词"，是表示可能、愿望、能力、要求等意义的动词。如"会""想""要""能""可以"等。能愿动词的共同特点有：

Modal verbs，also called "auxiliary"，such as "会""想""要""能""可以" and so on，signify abilities，demands，wishes and possibilities，etc. The common features of modal verbs are as follows：

1.　能愿动词用在动词前。例如：

Modal verbs are used before the main verbs. For example：

（1）我想买水果。（shuǐguǒ，fruit）

（2）我要学习汉语。

2.　可以受副词修饰。例如：

Modal verbs may be modified by adverbs. For example：

（1）我很想买水果。

（2）我要学习汉语，他也要学习汉语。

3.　否定形式用"不"。例如：

The negative form is "不" + Modal verb. For example：

（1）我不想学习。

（2）我不会喝酒（hē jiǔ，to drink wine）。

4.　带能愿动词的句子的正反问句形式，是并列能愿动词的肯定形式和否定形式的，而不是动词。例如：

The affirmative-negative question is formed by juxtaposing the positive and negative forms of the modal verb instead of the main verb in the sentence. For example：

（1）你想不想看这本书？

（2）你会不会施肥？

（二）常用能愿动词的用法 The usage of common modal verbs

1. 会 can，may

表示懂得怎么做或者有能力做某事，多指需要学习的事情。可以单独回答问题。否定形式是：不会＋动词＋名词

"会" denotes "knowing how to do something" or "capable of doing something", usually referring to something which needs studying. It can be used to answer questions independently. The negative form is：不会＋verb＋noun

例如 For example：

（1）我会说汉语。

（2）A：你会唱歌（chàng gē，to sing a song）吗？

B：会／不会。

（3）我不会开车（kāichē，to drive a car）。

2. 想 want，would like to

"想" 表示希望、打算和要求。也可以单独回答问题。否定形式是：不想＋动词＋名词

"想" is used to express wishes，desires and demands. It can also be used to answer questions independently. The negative form is：不想＋verb＋noun

例如 For example：

（1）我想学汉语。

（2）A：你想看这本书吗？（看 kàn，to look；to watch；to read）

B：想／不想。

3. 要 want to，wish to，must

"要" 表示要求做某事。否定形式用 "不想" 或 "不愿意"；不说 "不要"。例如：

"要" is used to express a desire for doing something. The negative form is "不想" or "不愿意"，not "不要". For example：

（1）今天我要去买肥料。

（2）我要学习，不想去商店。

"要" 作动词时，表示 "希望得到"。例如：

"要" as a verb denotes " would like to have". For example：

A：你要什么？

B：我要一袋有机肥。

注意Note：

"会""想""要"还是动词。

"会""想""要"are still verbs.

1．"会"作动词用时，表示熟习某种技能。例如：

"会"as a verb denotes familiarity with certain skills. For example：

（1）她会英语，不会汉语。

（2）他会电脑。

2．"想"作动词用时，表示"思考""考虑""想念"的意思。例如：

"想"means"think""consider""think of""miss". For example：

　　我想家了。

3．"要"作动词用时，表示"希望得到"。例如：

"要"as a verb denotes" would like to have". For example：

　　A：你要什么？

　　B：我要一斤种子。

练习Exercises

一、语音Phonetics

1.　辨调Tones

xiāng	xiáng	xiǎng	xiàng	➡	xiǎng	想
	mái	mǎi	mài	➡	mài	卖
dāi		dǎi	dài	➡	dài	带
shēn	shén	shěn	shèn	➡	shēn	深
qiān	qián	qiǎn	qiàn	➡	qiǎn	浅
wēn	wén	wěn	wèn	➡	wèn	问
yē	yé	yě	yè	➡	yě	也

2.　辨音 Pronunciations and tones

l–r	j–zh	x–sh	s–x
rìlì	jìngzhí	xīshì	sànxīn
rénlèi	zhǎngjià	xīnshǎng	xísú
lěngrè	zhèngjù	xiāoshòu	suōxiǎo
lìrú	zhēnjiǔ	shàngxué	sīxiu

3. 多音节连读 Disyllabic and multi-syllabic reading

piányi	kěyǐ	bǎohù	shēnqiǎn
jíshí	tiānqì	biànhuà	féiliào
shīféi	yèpiàn	fǎnqīng	línsuānèrqīngjiǎ

二、连线题 Matching the words and their pinyin

1. 想   piányi
  卖   dài
  贵   xiǎng
  便宜   mài
  袋   guì

2. 一共   huì
  次   shī
  会   yě
  施   cì
  也   yīgòng

3. 肥料   yǒujīféi
  有机肥   chāyāng
  施肥   féiliào
  水稻   shīféi
  插秧   shuǐdào

三、替换下划线词语 Replace the underline parts with the given words or phrases

1. A：你买什么？
   B：我买<u>一斤</u> 苹果。

   > 两斤/香蕉 五斤/西瓜 一本/汉语书
   > 一件（jiàn，a measure word used for clothing，etc.）/衣服（yīfu，clothing）

2. A：<u>有机肥</u>怎么卖？
   B：<u>240 块钱一袋</u>。

   > 香蕉/2.30 元一斤 牛奶（niúnǎi，milk）/29.6 元一箱（xiāng，box）
   > 衣服/238 元一件 啤酒/12 元一瓶
   > 面包（miànbāo，bread）/个/1.7 元

3. A：你会<u>施肥</u>吗？

　　B：不会。

> 说汉语　　写汉字（xiě hànzì，to write Chinese characters）
> 开车　　唱歌　　画画儿（huà huàr，to draw a picture）

4. A：这儿可以抽烟吗？

　　B：不能。

> 游泳（yóuyǒng，to swim）　　卖水果　　停车（tíngchē，to stop; to pull up）
> 拍照（pāizhào，to take pictures）

5. A：你要<u>听音乐</u>（yīnyuè，music）吗？

　　B：我不想听音乐，我想<u>看电影</u>（diànyǐng，movie）。

> 工作（gōngzuò，to work）/休息（xiūxi，to have a rest）
> 去图书馆/去实验田
> 学游泳/学太极拳（tàijíquán，Taijiquan，a kind of traditional Chinese shadow boxing）

四、选词填空 Choose the right words to fill in the blanks

> 要　　会　　一共　　可以　　怎么　　想　　买　　贵

1. 我不是中国人，不（　　）说汉语。

2. 玛丽（　　）学太极拳

3. 我（　　）给你打电话吗？（给 gěi，to; for）

4. 他不想去图书馆，（　　）去商店。

5. 你（　　）买什么？

6. 我不（　　）施肥。

7. 这种肥料太（　　）了！

8. 水稻（　　）要施四次肥料。

9. 我们今天（　　）了一种肥料。

10. 有机肥（　　）卖？

五、听力 Listening

（一）听录音，选择正确音节 Listen to the audio and choose the right syllables

1. A. bái　　　　B. bǎi　　　　C. bāng　　　　D. bān

2. A. mēn　　　　B. màn　　　　C. méi　　　　D. měi

3. A. cuō　　　　B. suō　　　　C. cuò　　　　D. suǒ

4.　A．diē　　　　B．tiě　　　　C．niè　　　　D．liè

5.　A．jiǎ　　　　B．qiǎ　　　　C．xiǎ　　　　D．liǎ

6.　A．bēizi　　　B．bèizi　　　C．chāzi　　　D．zhāzi

7.　A．shìzhōng　B．shízhōng　C．shìzhòng　D．sìzhōng

8.　A．shìlì　　　B．shílì　　　C．shīlì　　　D．shìlǐ

9.　A．zhēngshōu　B．zhěngshǒu　C．zhèngshǒu　D．zhěngshòu

10.　A．zhùyīn　　B．zhǔyīn　　C．zhǔyìn　　D．zhūyīn

（二）听录音，在词语后边写上听到的序号 Listen to the audio and write down the numbers that you hear behind the words

有机肥（　　　）　　　太贵了（　　　）　　　便宜（　　　）　　　肥料（　　　）

会（　　　）　　　　　施肥（　　　）　　　　要（　　　）　　　　五袋（　　　）

一共（　　　）　　　　可以（　　　）

（三）听录音，写音节 Listen to the audio and fill in the blanks

1.　Nǐ（　　　）mǎi shénme？

2.　Nà zhǒng（　　　），240 kuài qián yī dài.

3.　Shuǐdào（　　　）yào shī sì cì féiliào.

4.　Nǐ（　　　）shīféi ma？

5.　Wǒ（　　　）bù huì shīféi.

六、说一说 Expression

　　李明去买肥料。有机肥很贵，240块钱一袋。他买了便宜的肥料，200块钱一袋。他买了五袋。

 **Tips**

一、专业小贴士 Pro tip

水稻浅湿薄晒灌溉技术

　　水稻浅湿薄晒灌溉技术是指根据水稻移植到大田后各生育期的需水特性和要求，进行灌水和排水，为水稻生长创造良好的生态环境，得到节水增产之目的。概括地说，就是浅水栽插返青，分蘖前期湿润，分蘖后期晒田，拔节孕穗后期及抽穗灌浆前期灌浅水，乳熟期湿润，黄熟期湿润落干。这种灌溉制度，技术简明，农民易于掌握，便于大面积推广应用，但需水源条件好的地区应用。

　　——节选自：水稻怎样科学灌溉　水稻浅湿薄晒灌溉技术. 益农网农技培训，2017-11-25.

"Shallow-Wet-Thin-Dry" Irrigation Method in Paddy Soil

"Shallow-wet-thin-dry"irrigation method is to performs irrigation and drainage in order to create a good ecological environment for rice growth and achieve the purpose of saving water and increasing production based on the water requirements of each growth period after rice seedling is transplanted to the field. In brief, this irrigation method is planting rice seedling in shallow water to regreen, moist in the early stage of tillering and drying in the field after tillering, in shallow water irrigation in the late stage of jointing and booting and early stage of heading and filling, moist in the milky stage, and wet in the yellow ripening stage. This type of irrigation system is simple, which is easy for farmers to master, and is convenient for large-scale promotion and application, but it needs to be applied in areas with good water source conditions.

—Excerpt from: "How to Scientifically Irrigate Rice: Shallow Watering and Thin Sunlight Irrigation Techniques for Rice," Agricultural Technology Training on YINONGNET, 2017-11-25.

二、文化小贴士Cultural tip

汉字的历史

　　汉字是汉民族自古至今用来记录汉语的工具，已有 6 千年左右的历史，它在中国悠久的历史文化中有着伟大的贡献，对于中国社会生活的各个方面有着深刻和广泛的影响。从古至今，由于字形的转化 (为求区别)、象形到形声字的发展、区别字和简化字的产生以及新字的增加，汉字越来越多，现在达 5 万多字，其中常用字 4 千多个。汉字的字体从古至今可分为两大类：第一类是刀笔文字，其笔画粗细如一，不能为撇捺；第二类是毛笔文字，其笔画能为撇捺，粗细随意。甲骨文、金文、小篆等，都属于第一类；隶书、草书、行书、楷书等，都属于第二类。汉字的构造可以分为两大类：一类是表意文字，包括象形、指事、会意 3 种；另一类是表音文字，包括形声和假借两种字，其中形声字可以说是表意兼表音的字。汉字又可以分为单体 (或独体) 的"文"和合体的"字"两类，其中包括造字的 4 种基本方式：

　　第一是象形，画出事物形状的简单轮廓，代表某一个语言中的词。例如(举甲骨文的例子，下同)：

由于字体变迁，象形字后来已不再象形了。

第二指事，用笔画的组合表示出它所代表的词的意思。例如：

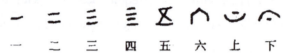

第三是会意，把两个单体字合成一个字或把两个形体组合在一起，表示一种意义。例如：

出，从止从凵，表示足由口走出，

步，从两止，表示两足向前进。

至，从矢从一，表示矢至于地。

职，从耳从口，表示耳有所听。

第四是形声(谐声)，也是两个单体字合成一个字，其中一个单体字表示意义的种类(即"意符")，另一个单体字表示读音。例如，"江""河""城""榆""怔""赋""税"等。总起来看，象形和指事是单体字，会意和形声是合体字。形声字占全部汉字的80%以上，形声是最能产的造字法。

——冯春田，梁苑，杨淑敏. 王力语言学词典. 济南：山东教育出版社，1995：284–287.

History of Chinese Characters

Chinese characters are a tool used by the Han people to record the Chinese language since ancient times. It has a history of about 6, 000 years. It has made great contributions to China's long history and culture, and has a profound and extensive influence on all aspects of Chinese social life. From ancient times to the present, due to the transformation of glyphs (in order to distinguish them), the development from pictograms to picto-phonograms, the generation

of differentiated and simplified characters, and the increase of new characters, there have been more and more Chinese characters, and now there are more than 50,000 characters, of which there are more than 4,000 commonly used characters. The fonts of Chinese characters can be divided into two categories from ancient times to the present: the first type is knife-brush writing, whose strokes are uniform in thickness and cannot be left-falling or right-falling; the second type is brush writing, whose strokes can be left-falling and right-falling, with random thickness. Oracle bone inscriptions, bronze inscriptions, Xiaozhuan(a style of calligraphy, adopted in the Qin Dynasty for the purpose of standardizing the script), etc. all belong to the first category; official script, cursive script, running script, regular script, etc. all belong to the second category. The structure of Chinese characters can be divided into two categories: one is ideographic characters, including pictograms, indicative characters, and associative characters; the other is phonetic words, including picto-phonograms and phonetic loan characters. Picto-phonograms can be both to indicate its meaning and the other indicate its pronunciation. Chinese characters can be also divided into two types: one-component characters(or individual) "文" and compound characters "字", including four basic ways of creating characters.

The first is pictograms, which draw simple outlines of the shapes of things to represent a certain character in Chinese. For example (the example given from Oracle bone inscriptions, similarly hereinafter):

人　大　女　又　目

日　月　草　木　水

Due to changes in fonts, the pictograms were no longer pictographic. The second is indicative characters, in which the combination of strokes expresses the meaning of the characters it represents. For example:

一　二　三　四　五　六　上　下

The third is associative characters, combining two one-component characters or combining two shapes to create a new character. For example:

出 means to go out. Semantic part 止 (foot)added semantic part 凵 (entrance), means that the foot goes out from the entrance

步 means to walk. Semantic part 止 (foot)added semantic part 止 (foot), means that the two feet move forward.

至 means to. Semantic part 矢 (arrow)added semantic part 一 (ground), means that the arrow reaches the ground.

职 means duty or office. Semantic part 耳 (ear)added semantic part 口 (mouth), means that the ear has heard.

The forth is picto-phonograms (concord sound), which are also combining two one-component characters to create a new character, and wherein one one-component character represents semantic part (being "meaning symbol"), and another one-component character represents phonetic part. For example, "江" "河" "城" "榆" "忹" "赋" "税" and so on. Generally speaking, pictograms and indicative characters are one-component characters, while associative characters and picto-phonograms are compound characters. Picto-phonograms account for more than 80% of all Chinese characters, which is the most prolific character-making method.

—Feng Chuntian, Liang Yuan, and Yang Shumin. *Wangli Linguistics Dictionary*. Jinan：Shandong Education Press, 1995, pp. 284-287.

第九课　该补苗了

Lesson 9　It's Time to Fill the Gaps with Seedlings

kè qián rè shēn
课前热身 Warm up

zhuān yè cí huì
专业词汇 Specialized vocabulary

稻田	dàotián	paddy field
补苗	bǔmiáo	to fill the gaps with seedlings
灌溉	guàngài	irrigation
返青	fǎnqīng	to regreen
分蘖	fēnniè	tillering

nóng yè yàn yǔ
农业谚语 Agricultural proverb

Duō bǔ yī kē miáo, duō shōu yī bǎ liáng.
多补一棵苗，多收一把粮.
Make up one more seedling, harvest more crops.

kèwén yī
课文一

> **该补苗了**
>
> （在实验室）
>
> 李明：看，门开着，灯也亮着。
>
> 大卫：麦克在里边。
>
> 李明：麦克，昨天我看了稻田。
>
> 麦克：稻田怎么样?
>
> 李明：该补苗了。
>
> 麦克：补多少株?
>
> 李明：大概 50 株。

Gāi bǔmiáo le

（zài shíyànshì）

Lǐ Míng: Kàn, mén kāi zhe, dēng yě liàng zhe.

Dàwèi: Màikè zài lǐbian.

Lǐ Míng: Màikè, zuótiān wǒ kàn le dàotián.

Màikè: Dàotián zěnmeyàng?

Lǐ Míng: Gāi bǔmiáo le.

Màikè: Bǔ duōshao zhū?

Lǐ Míng: Dàgài 50 zhū.

kèwén èr
课文二

今天能不能灌溉

（在教室）

麦　克: 王老师，水稻返青期怎么灌溉?

王老师: 水稻返青要深水灌溉。

麦　克: 分蘖期呢?

王老师: 分蘖期要及时浅水灌溉，还要注意天气变化。

麦　克: 今天能不能灌溉?

王老师: 能。

Jīntiān néng bu néng guàngài

（zài jiàoshì）

Màikè: Wáng lǎoshī, shuǐdào fǎnqīng qī zěnme guàngài?

Wáng lǎoshī: Shuǐdào fǎnqīng yào shēn shuǐ guàngài.

Màikè: Fēnniè qī ne?

Wáng lǎoshī: Fēnniè qī yào jíshí qiǎn shuǐ guàngài, hái yào zhùyì tiānqì biànhuà.

Màikè: Jīntiān néng bu néng guàngài?

Wáng lǎoshī: Néng.

🌱 生词 New words

课文一 Text 1

看	（动）	kàn	to look; to watch
门	（名）	mén	door(s)
开	（动）	kāi	to open
着	（助）	zhe	a particle indicating the continuation of an action
灯	（名）	dēng	light(s)
亮	（动）	liàng	to light; to shine
里边	（名）	lǐbian	inside
该……了		gāi……le	it is time to do something
多少	（疑问代词）	duōshao	how many; how much
大概	（副）	dàgài	probably
株	（量）	zhū	used to count plants

课文二 Text 2

期	（名）	qī	stage; a period of
深	（形）	shēn	deep
浅	（形）	qiǎn	shallow
及时	（副）	jíshí	in time; timely
还	（副）	hái	in adition; still; also
天气	（名）	tiānqì	weather
变化	（动）	biànhuà	to change
能	（能愿）	néng	can; be able to

🌱 注释 Note

该……了：该补苗了。

"该＋动词＋了"是一种固定的口语格式，表示到了做某事的时间了。

"该＋verb＋了" is a fixed spoken pattern，expressing that it is time to do something.

（1）我买了消毒剂，今天该消毒了。

（2）稻田该浇水了。

（3）明天考试，该复习了。（考试　kǎoshì, to take an exam）（复习　fùxí, to review）

🌱 语法 Grammar

一、"多少"询问数量 Use "多少" to ask about quantity

1. "几"和"多少"用来询问数量。我们可以用"几/多少＋量词"。例如：

"几" and "多少" are used to ask about the quantity. We can use the pattern "几/多少 + measure word". For example：

（1）你买了几斤种子？

（2）我们班有多少人？（班　bān, class）

2. 数量在 10 以下可以用"几"提问；数量大于 10 时，常用"多少"提问。例如：

When the amount is less than10, "几 is used. When the amount is more than 10, "多少" is always used. For example：

（1）A: 你有几个朋友？　　　　　B: 3 个。

（2）A: 你们学校有多少个学生？　B: 95 个。

（3）A: 我们要补多少株苗？　　　B: 50 株。

3. "多少"还用于询问价格，问钱的数量，常用"……多少钱?"，回答的数量可以是小于 10 的，如"三块钱""一块二""五毛钱"等。例如：

When asking about the amount of money, we usually use "多少钱". The amount used as answers may be less than 10, e.g., "三块钱""一块二""五毛钱", etc. For example：

A: 这个笔记本多少钱？（笔记本　bǐjì běn, notebook）

B: 一块钱。

二、能愿动词（3）:"能"的用法 Modal verbs（3）: The usage of "能"

1. 表示有能力或有条件做某事。否定形式用"不能＋动词＋名词"

"能" mean "to have the ability to do something". The negative form is "不能 + verb + noun".

例如 For example：

（1）今天能施肥吗？

（2）我能去实验室。

（3）我有事，不能去图书馆。（事 shì, matter; thing; business）

2.　正反疑问句用 Its structure for an affirmative- negative question:

> 能不能 + 动词
> 能不能 + verb

例如 For example：

A：明天你能不能去插秧？　　　B：能。

三、动作或状态的持续 Indicating the continuation of an act or state

> 动词 + 着
> verb + 着

1.　动词后加动态助词"着"，主要用于表示动作或状态的持续；交际中主要用于描写。例如：

When a verb is followed by the particle "着"，it indicates that the act or the state is still continuing. In communication it is used to make a description. For example：

（1）门开着。(描写门"开"的进行并持续的状态)

（2）灯亮着。(描写灯"亮"的进行并持续的状态)

（3）她戴着一顶黑帽子。(黑帽子的状态是在她的头上)(戴　dài，to wear；to put on)(顶　dǐng，a measure word used of something with a top)(帽子 màozi，hat；cap)

2.　否定式是"没（有）……着"。但交际中很少用。例如：

The negative form is "没（有）……着"，but is not often used. For example：

（1）他没躺着，坐着呢。

（2）房间的窗户（chuānghu，window[s]）没开着。

（3）房间里灯没开着。

3.　正反疑问形式 The affirmative-negative question form：

> 动词 + 着 + 没有？
> verb + 着 + 没有？

| （1） | 他 | 躺 | 着 | 看书没有？ |
| （2） | 门 | 开 | 着 | 没有？ |

练习 Exercises

一、语音 Phonetics

1. 辨调 Tones

kān		kǎn	kàn	→ kàn	看
gāi		gǎi	gài	→ gāi	该
zhū	zhú	zhǔ	zhù	→ zhū	株
shēn	shén	shěn	shèn	→ shēn	深
qiān	qián	qiǎn	qiàn	→ qiǎn	浅
qī	qí	qǐ	qì	→ qī	期
hāi	hái	hǎi	hài	→ hái	还
biān		biǎn	biàn	→ biàn	变
gāi		gǎi	gài	→ gài	概

2. 辨音 Pronunciations and tones

pó–bó　　tōu–lōu　　cāi–zāi　　zhòu–zòu　　zǒu–cǒu

pǒu–shǒu　　gōu–kōu　　kuǎi–guǎi　　shuài–zhuài　　shōu–zhōu

3. 多音节连读 Multi-syllablic reading

biànhuà　　　　tiānqì　　　　jíshí　　　　shēnqiǎn

duōshao　　　　dàgài　　　　dàotián　　　　bǔmiáo

guàngài　　　　fǎnqīng　　　　fēnniè　　　　chīfàn

二、连线题 Matching the words and their pinyin

1. 看　　　　zhū
   该　　　　kàn
   多少　　　dàgài
   大概　　　duōshao
   株　　　　gāi

2. 及时　　　tiānqì
   天气　　　shēn
   变化　　　jíshí
   深　　　　qiǎn
   浅　　　　biànhuà

3.　稻田　　　　　　　　dàotián
　　返青　　　　　　　　guàngài
　　分蘖　　　　　　　　fānqīng
　　补苗　　　　　　　　fēnniè
　　灌溉　　　　　　　　bǔmiáo

三、替换下划线词语 Replace the underline parts with the given words or phrases

1.　我看了稻田，该补苗了。

看秧苗/浇水　　买肥料/施肥　　累了/休息

2.　A：有机肥多少钱一袋？

　　B：240 块钱一袋。

香蕉/斤/2.30 元　　牛奶/箱/29.6 元

衣服/件/238 元　　啤酒/瓶/12 元

面包/个/1.7 元

3.　A：今天能灌溉吗？

　　B：能。

施肥　　补苗　　上课　　去试验田

4.　A：今天他能不能来（lái，to come）？

　　B：他要工作，不能来。

上课　　去图书馆　　看朋友　　学汉语　　去实验田

5.　A：灯开着吗？

　　B：开着。/没开着。

教室的门　　宿舍（sùshè，dormitory）的门　　窗户

电视（diànshì，TV set）　　电脑　　手机

四、选词填空 Choose the right words to fill in the blanks

能　　多少　　大概　　要　　及时

1.　李明（　　　）去实验室。

2.　今天（　　　）灌溉吗？

3.　水稻分蘖期要（　　　）浅水灌溉。

4.　水稻该补苗了，要补（　　　）株？

5.　这件衣服（　　　）50 块钱。

五、听力 Listening

（一）听录音，选择正确音节 Listen to the audio and choose the right syllables

1. A. kàn　　　　 B. làn　　　　 C. kàng　　　　 D. bān

2. A. gāi　　　　 B. gān　　　　 C. gāng　　　　 D. guāng

3. A. zhī　　　　 B. zhū　　　　 C. zū　　　　 D. zī

4. A. qī　　　　 B. qīn　　　　 C. qīng　　　　 D. qiān

5. A. shén　　　　 B. shēng　　　　 C. shēn　　　　 D. shèng

6. A. duōshao　　　　 B. dàxiǎo　　　　 C. duōqián　　　　 D. duōqióng

7. A. jíshí　　　　 B. jìshì　　　　 C. jīshǐ　　　　 D. jìshí

8. A. tiánqī　　　　 B. tiānqì　　　　 C. tiānjīn　　　　 D. tiánxīn

9. A. biānhuā　　　　 B. biànhuà　　　　 C. biànhuáng　　　　 D. biānshēng

10. A. chīfàn　　　　 B. shàngkè　　　　 C. yóuyǒng　　　　 D. xiàkè

（二）听录音，在词语后边写上听到的序号 Listen to the audio and write down the numbers that you hear behind the words

施肥（　　）　　　　 深（　　）　　　　 变化（　　）　　　　 及时（　　）

天气（　　）　　　　 浅（　　）　　　　 该（　　）　　　　 看（　　）

多少（　　）　　　　 大概（　　）

（三）听录音，写音节 Listen to the audio and fill in the blanks

1. Gāi bǔmiáo le. Bǔ（　　）zhū？

2. （　　）50 zhū.

3. Fēnniè qī yào（　　）qiǎn shuǐ guàngài.

4. Wǒmen yào zhùyì（　　）biànhuà.

5. Jīntiān（　　）bu néng guàngài？

六、读一读 Read aloud

　　李明今天去看了稻田。稻田该补苗了，大概补 50 株。他们要灌溉水稻。王老师说，水稻返青期要深水灌溉，分蘖期要及时浅水灌溉，还要注意天气变化。

 **Tips**

一、专业小贴士Pro tips

返青期

水稻等作物移栽定植后秧苗活棵，苗色转青的时期。

——刘思衡. 作物育种与良种繁育学词典. 北京：中国农业出版社，2001：31.

Regreening Stage

Regreening Stage refers to the period that the seedlings are alive and the seedlings turn green again after paddy or other crops are transplanted.

—Liu Siheng. *A Dictionary of Crop Breeding and Propagation*. Beijing: China Agriculture Press, 2001, p. 31.

分蘖期

禾本科作物等从分蘖节上开始发生分枝的时期。以第一个分蘖的叶片伸出叶鞘 1 ~ 1.5 cm为分蘖标准。全田有50%的幼苗达到以上标准时记为分蘖期。有时，还可分为分蘖初期、分蘖盛期和分蘖末期。根据分蘖的能否抽穗成熟，又可分为有效分蘖期和无效分蘖期。

——农业大词典编辑委员会. 农业大词典. 北京：中国农业出版社，1998：431.

Tillering Stage

Tillering Stage refers to the period when graminaceous crops start to branch from the tillering node. The tillering standard is based on the 1-1.5 cm extension of the leaves of the first tillering from the leaves sheaths. The tillering stage is recorded when 50% of the seedlings in the whole field reached the above standards. Sometimes, it can also be divided into early tillering, full tillering and late tillering. According to whether the tillering is heading and mature, it can be divided into effective tillering period and ineffective tillering period.

—The Editorial Committee of the Great Dictionary of Agriculture. *The Great Dictionary of Agriculture*. Beijing: China Agriculture Press, 1998, p. 431.

二、文化小贴士 Cultural tip

十二生肖

十二生肖，也称十二属相，十二种用作纪年标志的动物，与纪年的十二地支相配属，多用于记录人的生年。生肖的周期为12年。每一人在其出生年都有一种动物作为生肖。十二生肖，即鼠、牛、虎、兔、龙、蛇、马、羊、猴、鸡、狗、猪，是中国民间计算年龄的方法，也是一种古老的纪年法。十二生肖（兽历）广泛流行于亚洲诸民族及东欧和北非的某些国家之中。古人根据太阳升起的时间，将一昼夜区分为十二个时辰，用十二地支为代号，方便熟记。中国用地支计时法，叫作十二时辰（大时），也就是我们所称的二十四小时。

国别	十二生肖											
中国	鼠（子）	牛（丑）	虎（寅）	兔（卯）	龙（辰）	蛇（巳）	马（午）	羊（未）	猴（申）	鸡（酉）	狗（戌）	猪（亥）
印度	鼠	牛	狮子	兔	龙	毒蛇	马	羊	猕猴	鸡	犬	猪
希腊	牡牛	山羊	狮子	驴	蟹	蛇	犬	鼠	鳄	红鹤	猿	鹰
埃及	牡牛	山羊	狮子	驴	蟹	蛇	犬	猫	鳄	红鹤	猿	鹰

——郑天挺，吴泽，杨志玖. 中国历史大辞典（上卷）. 上海：上海辞书出版社，2000：20-21.

Chinese Zodiac

Chinese Zodiac are also called the twelve zodiac signs, twelve kinds of animals used as chronological signs, which are associated with the Twelve Earthly Branches of the chronology, and are mostly used to record people's birth years. The cycle of the zodiac is twelve years. Everyone has an animal in their year of birth as their zodiac sign. Chinese zodiac are rat, ox, tiger, rabbit, dragon, snake, horse, sheep, monkey, rooster, dog, and pig. It is a Chinese folk method of calculating age, and it is also a Chinese ancient chronologic method. The twelve zodiac signs (animal calendar) are widely popular among Asian nations and some countries in Eastern Europe and North Africa. According to the rising time of the sun, the Chinese ancients divided a day and night into twelve hours, and used the Twelve Earthly Branches as codes for easy memorization. China uses the earthly branch timekeeping method, which is called the twelve-hour periods, which is what we call twenty-four hours.

国别	十二生肖											
中国	鼠（子）	牛（丑）	虎（寅）	兔（卯）	龙（辰）	蛇（巳）	马（午）	羊（未）	猴（申）	鸡（酉）	狗（戌）	猪（亥）
印度	鼠	牛	狮子	兔	龙	毒蛇	马	羊	猕猴	鸡	犬	猪
希腊	牡牛	山羊	狮子	驴	蟹	蛇	犬	鼠	鳄	红鹤	猿	鹰
埃及	牡牛	山羊	狮子	驴	蟹	蛇	犬	猫	鳄	红鹤	猿	鹰

—Zheng Tianting, Wu Ze, Yang Zhijiu. *Chinese Historical Dictionary Volume 1*. Shanghai：Shanghai Dictionary Publishing House, 2000, pp. 20-21.

第十课　你在干什么呢

Lesson 10　What Are You Doing

kè qián rè shēn
课前热身 Warm up

zhuān yè cí huì
专业词汇 Specialized vocabulary

杂草	zácǎo	weeds；rank grass
除草	chúcǎo	weeding；weed control
防治	fángzhì	prevention and cure
《作物病虫害防治》	《Zuòwù bìngchónghài fángzhì》	

The Prevention and Control of Plant Diseases and Elimination of Pests

农药	nóngyào	pesticide；agricultural chemicals
杀虫灯	shāchóng dēng	insecticidal lamp
防蛾灯	fáng'é dēng	moth proof lamp

nóng yè yàn yǔ
农业谚语 Agricultural proverb

Yào xiǎng hài chóng shǎo， chú jìn dì biān cǎo.
要 想 害 虫 少 ， 除 尽 地 边 草 。

If you want to have fewer pests，remove the weeds on the edge of the field as much as

possible.

kèwén yī
课文一

> **我们去实验田除草吧**
>
> （在实验室）
>
> 王老师：秧苗长得怎么样？
>
> 麦　克：长得很好，但是杂草有点儿多。
>
> 大　卫：我们打算去实验田除草。
>
> 王老师：几点去？

麦　克：八点或者八点半。

Wǒmen qù shíyàntián chúcǎo ba

（zài shíyànshì）

Wáng lǎoshī：Yāngmiáo zhǎng de zěnmeyàng?

Màikè：Zhǎng de hěn hǎo, dànshì zácǎo yǒudiǎnr duō.

Dàwèi：Wǒmen dǎsuan qù shíyàntián chúcǎo.

Wáng lǎoshī：Jǐ diǎn qù?

Màikè：Bā diǎn huòzhě bā diǎn bàn.

kèwén èr
课文二

你在干什么呢

（在教室门口）

麦克：你在干什么呢?

李明：我正在看书呢。

麦克：你看什么书?

李明：《作物病虫害防治》。

麦克：书上介绍了哪些防治方法?

李明：农药、杀虫灯、防蛾灯等等。

麦克：你打算用农药还是防蛾灯?

李明：用防蛾灯吧。

Nǐ zài gàn shénme ne

（zài jiàoshì）

Màikè：Nǐ zài gàn shénme ne?

Lǐ Míng：Wǒ zhèngzài kàn shū ne.

Màikè：Nǐ kàn shénme shū?

Lǐ Míng：《Zuòwù bìngchónghài fángzhì》.

Màikè：Shū shang jièshào le nǎ xiē fángzhì fāngfǎ?

Lǐ Míng：Nóngyào、shāchóng dēng、fáng'é dēng děngdeng.

Màikè：Nǐ dǎsuan yòng nóngyào háishì fáng'é dēng?

Lǐ Míng：Yòng fáng'é dēng ba.

🌱 生词 New words

课文一 Text 1

得	（助）	de	a particle used after a verb to connect it with a complement
但是	（连词）	dànshì	but
有点儿		yǒu diǎnr	a little
多	（形）	duō	many; much
打算	（动）	dǎsuan	to plan
点	（名）	diǎn	o'clock
或者	（名）	huò zhě	or

课文二 Text 2

在	（副）	zài	be at/in
干	（动）	gàn	to do
正	（副）	zhèng	just
正在	（副）	zhèngzài	in process of
书	（名）	shū	book(s)
介绍	（动）	jièshào	to introduce
些	（量）	xiē	some
方法	（名）	fāngfǎ	method; way
等	（助）	děng	and so on; etc.
用	（动）	yòng	to use

🌱 注释 Note

一、有点儿: 但是杂草有点儿多。

"有点儿" 做状语，用在形容词前，多用于表达不如意的事情。例如：

As an adverbial "有点儿" is mostly used before an adjective to express that something unsatisfactory has happened. For example：

（1）这个汉字有点儿难。

（2）图书馆有点儿远。（远 yuǎn，far）

二、哪些：书上介绍了哪些方法？

"哪些" 可以用来提问涉及的具体范围。

"哪些" can be used to ask the specific scope involved.

（1）你看了哪些书？

（2）今天有哪些人来？

量词 "些" 表示不定的数量，常用在 "一""哪""这""那" 等词后边。例如：

The measure word "些" expresses an indefinite quantity，and it is usually used after "一""哪""这""那" and so on．For example：

一些书　　一些人　　哪些学生　　这些东西

> 注意：量词 "些" 只和数词 "一" 连用，不能和别的数词结合。
>
> Note：The measure word "些" can be only used with the numeral "一" and cannot be used with other numerals．

🌿 语法 Grammar

一、状态补语 The complement of state

（一）状态补语是指动词后边用 "得" 连接的补语，由形容词和形容词词组充当，一般前面加 "很"。状态补语的主要功能是对结果、程度、状态等进行描写、判断和评价。状态补语所描述和评价的动作行为或状态是经常性的、已经发生的或正在进行的。

The complement of state is a complement connected by "得" following the verb. It is usually an adjective or an adjective phrase. A "很" (very) is often used before this adjective or an adjective phrase. The main function of the complement of state is to describe, appraise or evaluate the result, degree and state, etc. The acts or states this complement describes or appraises are usually day-to-day in character, or have already existed, or are in progress.

1. 肯定形式 The affirmative form

动词	+	得	+	（很）	+	形容词
verb	+	得	+	（很）	+	adjective

（1）　　　　他　　走　　　　得　　　　很　　　快（kuài, fast）。

（2）A：你们　学　　　得　　　怎么样？

　　　B：　　　学　　　得　　　很　　　好。

2. 否定形式 The affirmative form

动词	+	得	+	不	+	形容词
verb	+	得	+	不	+	adjective

（1）A：你 跑（pǎo, to run） 得 　　　　快 吗？

　　　B：我 跑 得 不 快。

（2）　我 写 得 不 好。

3. 正反疑问句 The affirmative form

动词	+	得	+	形容词	+	不	+	形容词
verb	+	得	+	不	+	adjective		

（1）　你 住（zhù, to live） 得 远 不 远？

（2）你汉语 说 得 好 不 好？

（二）谓语动词同时带宾语和状态补语时，要重复动词。宾语在前，状态补语在后。如果不重复动词，要把宾语放在谓语动词前边或者主语前边。句子的结构形式为：

When the predicate verb is followed by the object and the complement of state at the same time, the verb should be repeated. The object is placed before the complement of state. If the verb is not repeated, the object is placed before the predicate verb or the subject. The sentence structure is：

动词	+	宾语	+	动词	+	得	+	（很）	+	形容词
verb	+	object	+	verb	+	得	+	（很）	+	adjective

例如 For example：

（1）　她 说 汉语 说 得 很 好。

　　（＝她 　 汉语 说 得 很 好）。

（2）　我 写 汉字 写 得 很 慢。

　　（＝我 　 汉字 写 得 很 慢。）

　　（慢 màn, slow）

（三）"也"和"都"在这类句子中作状语时，有两个位置：

在"得"后或在谓语动词前。例如：

When "也" and "都" are used as adverbials in this kind of sentence, there are two positions：after "得" or before the predicate verb. For example：

（1）他跑得很快，我跑得也很快。我们跑得都很快。

　　　他跑得不快，我跑得也不快。我们跑得都不快。

（2）他跑得很快，我也跑得很快。我们都跑得很快。

他跑得不快，我也跑得不快。我们都跑得不快。

二、连动句 The sentence with verb construction in series

谓语由两个或两个以上的动词或动词词组组成的句子叫连动句。连动句可以表达动作行为的目的和动作方式，还可以表示先后的两个行为动作。

The predicate of this type of sentences consists of two or more verbs or verb phrases. It may indicate the purpose of an action and the way to do something, and also indicate the successive actions.

1. 表达动作行为的目的 It indicates the purpose of an action

去/来	+	（什么地方）	+	做什么
go to/come to	+	(a place)	+	to do something.

（1）我们　去　　　　　　实验田　　　　　除草。
（2）我　　去　　　　　　书店　　　　　　买词典。
（3）我　　来　　　　　　中国　　　　　　学汉语。

2. 表示做某事的工具或方式 It indicates the means or ways to do something

（1）我们坐火车去北京。（坐火车 zuò huǒchē，to take a train）
（2）他们用钢笔写字。（钢笔 gāngbǐ，pen）

三、时间的表达 Indicating the time

汉语中常用的时间词有：点（diǎn）、分（fēn）、刻（kè）、半（bàn）等。"点"用来表示整点；不是整点时要用到"分"。

The Chinese words used to indicate the time are：o'clock，minute，quarter，half and so on."点" is used to represent the hour；"分" will be used when it is not on the hour.

问时刻要说：现在几点？例如：

When we ask about time，we say：现在几点？（What time is it now?）For example：

A：现在几点？
B：现在九点。

注意 Note：

09：00　　九点
09：08　　九点零八（分）
09：15　　九点十五（分）/九点一刻
09：30　　九点半/九点三十（分）
临近整点的时间可以用"差几分几点"表示。Approaching the hour can be

expressed as '差（chà）几分几点' in Chinese.

| 09：45 | 九点四十五（分）/九点三刻/差一刻十点 |
| 09：55 | 九点五十五（分）/差五分十点 |

汉语中表达时间的顺序是从大的时间单位到小的时间单位。例如：年、月、日、星期、点、分。

The sequence of time expression in Chinese is from the largest unit to the smallest, for example，年(year)，月(month)，日(date)，星期(weekday)，点(o'clock)，and 分 (minute). For example：

2013 年 4 月 18 日星期四三点十分

2002 年 9 月 1 日十点半/十点三十分

还可以在时间词前加上"凌晨""早上""上午""中午""下午""晚上""半夜"等，使时间更精确。例如：

"凌晨（wee hour）""早上 (early morning)""上午 (forenoon)""中午 (at noon)""下午 (afternoon)""晚上 (evening)""半夜 (midnight)" etc. may be added before temporal words to make the time more exact. For example：

凌晨三点零五分

早上六点一刻

上午十点

中午十二点十分

下午三点半

晚上八点三刻

半夜十二点/零点

注意Note：

凌晨（01：00—05：00）	before dawn（01：00—05：00）
早上（05：00—08：00）	morning（05：00—08：00）
上午（08：00—12：00）	a. m.（08：00—12：00）
中午（12：00）	noon（12：00）
下午（12：00—17：00）	p. m.（12：00—17：00）
晚上（18：00—23：00）	evening（18：00—23：00）
半夜（00：00）	midnight（00：00）

时间名词在句子中常常作状语，表示动作发生的时间。例如：

Temporal nouns often act as adverbials in sentences, indicating the time when an action takes place. For example：

我明天上午去实验田。

四、动作的进行：在/正在/正 + 动词 + 宾语 The progression of an act：在/正在/正 + verb + object

1.　动词前边加上副词"在""正""正在"或句尾加"呢"，表示动作的进行。"在""正""正在"也可与"呢"同时使用。"……呢"常用在口语中。例如：

When a verb is preceded by adverbs "在" "正", and "正在", or when the particle "呢" is added at the end of the sentence，it signifies that an act is in progress. "在" "正", and "正在" can be used simultaneously with "呢". For example：

（1）A：你在做什么（呢）？

　　　B：我在看书（呢）。

（2）他们正在上课（呢）。

（3）你写什么呢？

2.　"正"重在表示对应某时间动作的进行。"在"重在表示动作进行的状态。"正在"兼指对应某时间与动作进行的状态。

"正" emphasizes an act in progress，in correspondence with a certain time. "在" emphasizes the state of an act in progress. "正在" emphasizes both.

3.　否定形式是"没（有）……"/"没在……"。否定形式句末不能用"呢"。例如：

The negative form is "没（有）/没在……". "呢" can not be used in the negative form. For example：

（1）A：你在看书吗？

　　　B：我没看书。/我没在看书。

（2）A：玛丽，你是不是在看电影（呢）？

　　　B：我没有看电影，我在听音乐呢。

4.　有的动词不能和"正""在""正在"搭配。这些动词是："是、在、有、来、去、认识"等。动作的进行（"正在"等）

Some verbs cannot collocate with "正"，"在"，and "正在". These verbs are "是，在，有，来，去，认识"，etc.

五、怎么问（7）Interrogation Sentences（7）

选择问句：……还是……？　The alternative question：……还是……？

1.　"还是"用于疑问，表示选择。例如：

"还是" is used in an interrogative sentence，expressing choices. For example：

（1）你是老师还是学生?

（2）A：你今天去还是明天去?

　　　B：我明天去。

2. "还是"和"或者"用来连接两种不同的可能性时，可以用"或者"或"还是"。不同的是，"或者"用在陈述句中，"还是"用在疑问句中。例如：

"还是" and "或者" can be used to link two different possibilities. The difference is that "或者" is used in an indicative sentence and "还是" is used in a question. For example：

（1）A：星期天你想做什么?

　　　B：星期天我想去看电影或者听音乐会。

（2）你去北京还是去上海?

（3）你去施肥还是灌溉?

练习 Exercises

一、读一读 Read aloud

07：05 →	七点零五	七点零五分	七点五分
08：15 →	八点十五	八点十五分	八点一刻
10：30 →	十点三十	十点三十分	十点半
12：50 →	十二点五十	十二点五十分	差十分一点
有点儿多	有点儿少	有点儿难	有点儿远
老师还是学生	补苗还是施肥	去北京还是去上海	一楼还是二楼
几点去上课	几点去实验室	几点吃饭	几点去图书馆
说得很好	写得很漂亮	做得很对	跑得很快
说得不好	写得不漂亮	做得不对	跑得不快
说得好不好	写得漂亮不漂亮	做得对不对	跑得快不快

二、连线题 Matching the words and their pinyin

1. 长　　　　　　dǎsuan

　 点　　　　　　huòzhě

　 或者　　　　　dànshì

　 打算　　　　　zhǎng

　 但是　　　　　diǎn

2. 正在   gàn
    介绍   děng
    方法   jièshào
    等   zhèngzài
    干   fāngfǎ

3. 杂草   fáng'é dēng
    除草   shāchóng dēng
    农药   zácǎo
    杀虫灯   nóngyào
    防蛾灯   chúcǎo

三、替换下划线词语Replace the underline parts with the given words or phrases

1. A：现在几点？

    B：八点三十五分。

2. A：今天几号？

    B：今天 2 号。

    A：今天星期几？

    B：今天星期一。

    | 7 号/星期五   12 号/星期三   15 号/星期二   20 号/星期日 |

3. A：你在做什么呢？

    B：我在看电视呢。

    | 上课   休息   看书   吃饭 |

4. A：你是不是正在看《跟我学汉语》呢？

    B：没有。我在看电影呢。

    | 听音乐   跟朋友聊天儿（聊天儿 liáotiānr，to chat） |
    | 写汉字   工作 |

5. A：你去书店做什么？

    B：我去书店买词典。

超市/买面包　图书馆/看书　医院/看朋友　教室/学习

6. A：你<u>汉语</u><u>说</u>得怎么样？

　　 B：<u>说</u>得不好。（我<u>汉语说</u>得不好。）

汉字/写/好　　课文/读/流利（liúlì，fluent）　　歌/唱/好

7. 他<u>学</u>得很好。

说得很流利　　吃得很多　　唱得很好　　跑得很快

8. A：她写汉字写得好不好？

　　 B：<u>写</u>得很好。（他<u>汉字写</u>得很好。）

课文读得流不流利　汉语说得好不好　唱歌唱得好不好　游泳游得快不快

9. A：你是<u>老师</u>还是<u>学生</u>？

　　 B：我是<u>老师</u>。

喝茶/咖啡　　学汉语/学英语　　今天去/明天去　　去图书馆/去教室

四、选词填空 Choose the right words to fill in the blanks

有点儿　　还是　　或者　　哪些　　正在　　打算

1. 你买《汉英词典》（　　　）《英汉词典》？

2. 明天我想去超市（　　　）去书店。

3. 实验田里杂草（　　　）多。

4. 我（　　　）看书呢。

5. 你看了（　　　）书？

6. 我们（　　　）去实验田除草。

五、听力 Listening

（一）听录音，选择正确音节 Listen to the audio and choose the right syllables

1. A. chán　　　　B. chǎn　　　　C. zhàn　　　　D. zán

2. A. cēn　　　　B. shēn　　　　C. zhēn　　　　D. sēn

3. A. qì　　　　　B. jì　　　　　C. lì　　　　　D. rì

4. A. liǎng　　　 B. niàng　　　 C. xiǎng　　　 D. jiǎng

5. A. tòu　　　　 B. dōu　　　　 C. luò　　　　 D. guǒ

6. A. liùnián　　 B. liúyán　　　C. liúliàn　　 D. liúniàn

7. A. nǎozhàng　 B. màozhāng　　C. bàozhǎng　　D. pàozhàng

8. A. cānchán　　 B. jiǎncān　　 C. qiǎnsàn　　 D. zànchéng

9. A. héhuǒ　　　 B. shānzuǒ　　 C. shǎnduǒ　　 D. wǎngluò

10. A. hēilú   B. xīnxū   C. qín yú   D. jìn qù

（二）听录音，在词语后边写上听到的序号 Listen to the audio and write down the numbers that you hear behind the words

长得好（　　）　　　有点儿（　　）　　　但是（　　）　　　或者（　　）

打算（　　）　　　干什么（　　）　　　一些（　　）　　　等（　　）

方法（　　）　　　介绍（　　）

（三）听录音，写音节 Listen to the audio and fill in the blanks

1. Zhǎng de hěn hǎo，（　　）zácǎo yǒudiǎnr duō.

2. Bā diǎn（　　）bā diǎn bàn.

3. Shū shang（　　）le nǎ xiē fāngfǎ？

4. Nóngyào、shāchóng dēng、fáng'é dēng（　　）.

5. Nǐ dǎsuan yòng nóngyào（　　）fáng'é dēng？

六、说一说 Expression

　　秧苗长得很好，但是杂草有点儿多。大卫和麦克打算去实验田除草。他们八点或者八点半去。李明正在看《作物病虫害防治》，书上介绍了很多方法：农药、杀虫灯、防蛾灯等。李明打算用防蛾灯。

 **Tips**

一、专业小贴士 Pro tips

除　草

　　除草是作物生长期间人工除去田间杂草的作业。作用是减少土壤养分消耗、避免水分损失、改善作物受光条件、减轻病虫为害。随着生产力的发展，各种农业、化学和生物除草方法陆续应用于生产，人们不再完全依靠手工除草。

　　——中国农业百科全书总编辑委员会蔬菜卷编辑委员会，中国农业百科全书编辑.中国农业百科全书：蔬菜卷. 北京：农业出版社，1990：48.

Weeding

Weeding is the manual removal of weeds in fields during crop growth, the aim of which is to reduce soil nutrient consumption, avoid water loss, improve crop light conditions, and reduce pest damage. With the development of productivity, various agricultural, chemical and biological weeding methods have been applied to production, and people no longer completely rely on manual weeding.

——Crop Volume Editorial Committee of China Agricultural Encyclopedia Chief Editorial Committee, China Agricultural Encyclopedia Editorial Department. *Chinese Agricultural Encyclopedia: Vegetable Volume*. Beijing：Agriculture Press, 1990，p. 48.

黑光灯

黑光灯是一种发射人眼看不见的、波长在 365 nm 左右的紫外线的电光源。黑光灯具有很强的诱虫作用，是杀虫用灯的理想光源。

黑光灯的诱虫原理是因为昆虫的复眼对波长 365 nm 的紫外线辐射非常敏感，尤其是飞翔的昆虫。试验表明，黑光灯可诱杀数百种害虫，而对益虫却伤害不多。据统计，田间害虫约占 84%，益虫占 16%。黑光灯对危害水稻、小麦、玉米、高粱、棉花、甘蔗、茶和果树等农作物的害虫具有显著的诱杀效果。一盏 20 W 的黑光灯可管理 50 亩农作物，一夜的诱杀虫的数量高达 4 ~ 5 kg。利用黑光灯诱杀害虫，不仅杀虫的效率高，而且使用方便，没有污染，可节约大量农药。如果使用紫外线金属卤化物灯作黑光灯光源，由于紫外线辐射能量大，功率可作得很高，那么一盏灯可以管理上千亩地。使用大功率黑光灯，田间布灯少，供电线路简单，使用管理更为方便。所以大功率的长波紫外线金属卤化物灯(如镓–铝灯)是一种很有发展前途的黑光灯光源。

——《中国电力百科全书》编辑委员会，编辑部. 中国电力百科全书：用电卷. 北京：中国电力出版社，2001：295-296.

Ultraviolet Lamp

A ultraviolet lamp is an electric light source that emits ultraviolet rays with a wavelength around 365 nm that are invisible to the human eye. The ultraviolet lamp has a strong effect of attracting insects and is an ideal light source for insecticidal lamps.

The principle of ultraviolet lamp trapping insects is that the compound eyes of insects are very sensitive to ultraviolet radiation with a wavelength of 365 nm, especially flying insects. Experiments have shown that ultraviolet lamps can trap and kill hundreds of injurious pests, while doing little harm to beneficial insects. According to statistics, field injurious pests account for about 84%, and beneficial insects account for 16%. Ultraviolet lamp has a significant trapping and killing effect on pests that harm crops such as rice, wheat, corn, sorghum, cotton, sugar cane, tea and fruit trees. A 20W ultraviolet lamp can manage 33,333.335

square meters of crops, and the number of trapping and killing insects overnight is as high as 4-5 kg. The use of ultraviolet lamp to trap and kill insects not only has high insecticidal efficiency, but also is convenient to use, has no pollution, and can save a lot of pesticides. If an ultraviolet metal halide lamp is used as a ultraviolet lamp source, due to the high energy of ultraviolet radiation, the power can be very high. In that case, one lamp can cover thousands of kilometers of land. Using high-power ultraviolet lamps, there are fewer lights in the field, simple power supply lines, and more convenient use and management. Therefore, high-power long-wave ultraviolet metal halide lamps (such as gallium-aluminum lamps) are a promising ultraviolet lamp source.

— "China Electric Power Encyclopedia" editorial committee, editorial department. *Electricity Volume*. Beijing：China Electric Power Press, 2001, pp. 295-296.

二、文化小贴士 Cultural tip

中国四大菜系

川菜、鲁菜、粤菜、苏菜是中国最负盛名的四大菜系。川菜以注重调味著称，常用的味别有咸鲜、麻辣、怪味、姜汁、鱼香、荔枝等二十余种，被誉为"百菜百味、一菜一格"。鲁菜味浓厚、嗜葱蒜，尤以烹制海鲜、汤菜和各种动物内脏擅长，在北方各省享有很高声誉。粤菜取料广泛、花色繁多，"不问鸟兽虫蛇，无不食之"，调味多用蚝油、虾酱、鱼露等特鲜味调料，菜肴风味以清鲜、生脆、爽口为主。苏菜十分讲究造型、配色，菜肴四季有别，肥而不腻，淡而不薄，酥烂脱骨而不失其形，滑嫩爽脆而不失其味，在长江中下游影响很大。

——袁世全. 百科合称辞典. 合肥：中国科学技术大学出版社，1996：369.

Four Major Cuisines of China

Sichuan cuisine, Shandong cuisine, Cantonese cuisine, and Jiangsu cuisine are the four most famous cuisines in China. Sichuan cuisine is famous for its emphasis on seasoning. There are more than twenty commonly used flavors, such as salty, spicy, special flavored, ginger, sweet and sour flavor, and lychee etc. Shandong cuisine has a strong flavor and is addicted to onions and garlic. It is especially good at cooking seafood, soups and various animal offal, and enjoys a high reputation in the northern provinces. Cantonese cuisine has a wide range of ingredients and a variety of colors. "Don't ask what they are, you can eat them all. " Oyster sauce, shrimp paste, fish sauce and other special umami seasonings are often used for seasoning. The flavor of the dishes is mainly fresh, crisp and refreshing. Jiangsu cuisine is very particular about shape and color matching. The dishes are different in four seasons. They are fat but not greasy, light but not thin, crispy and boneless without losing their shape, smooth, tender and crisp without losing their flavor. They have a great influence in the middle and lower reaches of the Yangtze River.

— Yuan Shiquan. *Encyclopedia Common Term Dictionary*. Hefei：University of Science and Technology of China Press, 1996, p. 369.

水煮肉片（川菜）

酱鸭（苏菜）

葱烧海参（鲁菜）

上汤芦笋（粤菜）

第十一课　快下雨了
Lesson 11　It's Going to Rain

kè qián rè shēn
课前热身 Warm up

zhuān yè cí huì
专业词汇 Specialized vocabulary

晚稻	wǎndào	late rice；second rice
收割	shōugē	to reap；to harvest
重金属	zhòngjīnshǔ	heavy metal
转基因	zhuǎnjīyīn	transgenosis
营养成分	yíngyǎng chéngfèn	nutritional ingredient

nóng yè yàn yǔ
农业谚语 Agricultural proverb

Wǎndào jiǔ chéng huáng,　shìshí shōugē máng.
晚 稻 九 成　黄 ， 适 时 收 割 忙 。

Ninety percent of the late rice is yellow，and it is busy to harvest at the right time.

kèwén yī
课文一

> **快下雨了**
>
> （在实验室）
>
> 大卫：已经十月了，晚稻可以收割了。
>
> 麦克：什么时候收割？
>
> 大卫：今天去吧。
>
> 麦克：快下雨了，还是明天去吧。
>
> 大卫：我看看天气预报。
>
> 　　……
>
> 　　天气预报说明天阴天。
>
> 麦克：阴天也可以收割。

115

Kuài xià yǔ le

（zài shíyànshì）

Dàwèi: Yǐjīng shí yuè le, wǎndào kěyǐ shōugē le.

Màikè: Shénme shíhou shōugē?

Dàwèi: Jīntiān qù ba.

Màikè: Kuài xià yǔ le, háishì míngtiān qù ba.

Dàwèi: Wǒ kànkan tiānqì yùbào.

......

　　　 Tiānqì yùbào shuō míngtiān yīntiān.

Màikè: Yīntiān yě kěyǐ shōugē.

kèwén èr
课文二

应该进行检测了

（水稻收割以后）

大卫：水稻收割以后做什么？

麦克：应该进行检测了。

大卫：检测什么？

麦克：检测重金属、转基因、营养成分等。

大卫：这么多？

麦克：为了健康，检测得越多越好。

大卫：你说得很对。

Yīnggāi jìnxíng jiǎncè le

（shuǐdào shōugē yǐhòu）

Dàwèi: Shuǐdào shōugē yǐhòu zuò shénme?

Màikè: Yīnggāi jìnxíng jiǎncè le.

Dàwèi: Jiǎncè shénme?

Màikè: Jiǎncè zhòngjīnshǔ、zhuǎnjīyīn、yíngyǎng chéngfèn děng.

Dàwèi: Zhème duō?

Màikè: Wèile jiànkāng, jiǎncè de yuè duō yuè hǎo.

Dàwèi: Nǐ shuō de hěn duì.

🌱 生词 New words

课文一 Text 1

月	（名）	yuè	month
快	（副）	kuài	fast，quickly
了	（语气）	le	used at the end of a sentence，indicating an affirmative tone.
下雨		xià yǔ	to rain
预报	（名）	yùbào	forecast
说	（动）	shuō	to say；to speak
阴天	（名）	yīntiān	cloudy sky

课文二 Text 2

应该	（能愿）	yīnggāi	should；ought to
进行	（动）	jìnxíng	to be in progress；to be underway；to go on
检测	（动）	jiǎncè	to check；to test
以后	（名）	yǐhòu	afterwards；later
这么	（代）	zhème	so；such
为了	（介）	wèile	in order to
健康	（形）	jiànkāng	healthy
越	（副）	yuè	increasingly；more

🌱 注释 Note

一、快……了：快下雨了。

"快……了" 表示时间上接近，某种动作或状态将要发生，一般不跟表示具体时间的词语一起用。例如：

" 快 …… 了 " indicates that time is approaching，or a certain action or state is about to happen．Generally，it is not used together with words expressing specific time．For example：

（1）水稻快要收割了。

（2）他快要回来了。（回来 huílɑi，to return）

*不能说：他明天快要回来了。

二、还是……吧：还是明天去吧。

"还是……吧"表示经过比较、考虑，有所选择，用"还是"引出所选择的一项。例如：

"还是……吧"express that after comparison and consideration，a choice has been made. "还是"is used to introduce the selected item.

（1）今天有雨，还是明天去吧。

（2）现在不能插秧，我们还是先消毒吧。

三、越……越……：检测得越多越好。

"越 + 动词/形容词 + 越 + 形容词"表示程度随条件的变化而变化。例如：

"越 + verb/adjective + 越 + adjective" is used to indicate that something changes in degree with the change of condition. For example：

（1）秧苗越长越高了。（高 gāo，tall；high）

（2）他越走越快。

（3）钱越多越好吗？

四、这么：这么多？

"这么"是指示代词，可以指示程度，略带夸张语气。

"这么"is a demonstrative pronoun，which can indicate the degree，with a slightly exaggerated tone.

（1）种子这么贵！

（2）杂草这么多！

（3）他学习这么好！

🌱 语法 Grammar

一、语气助词"了"Modal particle "了"

语气助词"了"用在句末，表示肯定的语气，有成句的作用。说明事情的发生、动作的完成、情况的出现和状态的变化等，也常常用来表示事态将有变化，前面常有副词"快"或助动词。例如：

The modal particle "了" is used at the end of a sentence, indicating an affirmative tone. It has the function of completing a sentence and is often used to indicate the happening of something, the completion of an act, the emergence of a circumstance and the change of a situation, e.g. It is also often used to indicate that the state of affairs will change. It is often preceded by the adverb "快" or an auxiliary verb.

（1）昨天我去超市了。

（2）他去书店了。

（3）已经十月了。

（4）快插秧了。

（4）土壤应该消毒了。

二、动词重叠 The reduplication of verbs

汉语中有些表示动作的动词可以重叠。单音节动词的重叠形式是"VV"式或"V一V"式；双音节动词的重叠形式是"VBVB"式，中间不能加"一"。例如：

In Chinese some verbs may be reduplicated. The reduplication form for monosyllablic verbs is "AA" or "A一A"; for disyllabic verbs is "ABAB"; " 一 " cannot be inserted in between. For example：

VV

看看 说说 选选 种种 做做 听听（tīngting，to have a try to listen）

试试（shìshi，to have a try）读读（dúdu，to have a try to read）

想想（xiǎngxiang，to have a try to think about）

V一V

看一看 说一说 听一听 试一试 想一想 读一读 走一走 选一选 种一种 做一做

VBVB

学习学习 晾晒晾晒 介绍介绍（jièshào，to introduce a bit about）   休息休息（xiūxi，to have a short rest）

有些动宾式动词的重叠形式是VVB，不是VBVB。例如：

The reduplication form of some verbs with objects is not ABAB, but AAB. For example：

整整地 消消毒 育育苗 催催芽 帮帮忙（bāngbangmáng，to do sb. a favor）

跑跑步（pǎopaobù，to do some running）说说话（shuōshuohuà，to say sth.）

洗洗澡（xǐxizǎo，to have a shower）   聊聊天儿（liáoliaotiānr，to have a chat）

动词的重叠形式可以表达动作时间短、尝试、轻松、随便等意义。如果动词所表示的动作已经发生或完成，重叠形式是："V＋了＋V"。例如：

The reduplication form of verbs may express the shortness of time，attempt，easiness，random，etc．If an action a verb expresses has already taken place or completed，the reduplication form is "V＋了＋V"．For example：

V 了 V

看了看　说了说　听了听

注意Note：

（1）"有""在""是"等不表示动作的动词不能重叠使用。

Verbs that do not denote an action cannot be reduplicated.

（2）表示正在进行动作的动词不能重叠。例如：

Verbs that do not denote an action cannot be reduplicated.

*不能说：我正在看看书呢。

三、能愿动词（4）: 应该 Modal verbs（4）: 应该

1. 表示情理上必须如此。可以单独回答问题，否定用"不应该"。例如：

It means that logically it must be so．It can be used to answer questions individually．Negative form is "不应该"．For example：

（1）三月了，应该育苗了。

（2）你不应该先浇水，应该先消毒。

（3）A：现在应该去实验田看看吗？

　　　B：应该。/不应该。

2. 估计情况必然如此。例如：

It is supposed to be．For example：

（1）他应该已经去教室了。

（2）苗床应该已经浇水了。

练习 Exercises

一、读一读 Read aloud

看看	听听	说说	浇浇水	施施肥
这么多	这么好	这么贵	这么难	这么健康

快下雨了　　快插秧了　　快走了　　　　快来了　　　　快三月了

越贵越好　　越多越难　　越走越快（fast）　　越买越多

二、连线题 Matching the words and their pinyin

1. 快　　　　　　　　　　yīntiān

　　下雨　　　　　　　　 kuài

　　预报　　　　　　　　 shuō

　　说　　　　　　　　　 xià yǔ

　　阴天　　　　　　　　 yuè

　　月　　　　　　　　　 yùbào

2. 应该　　　　　　　　 wèile

　　进行　　　　　　　　 jiànkāng

　　检测　　　　　　　　 yīnggāi

　　以后　　　　　　　　 jìnxíng

　　这么　　　　　　　　 yuè

　　为了　　　　　　　　 yǐhòu

　　健康　　　　　　　　 jiǎncè

　　越　　　　　　　　　 zhème

3. 晚稻　　　　　　　　 zhòngjīnshǔ

　　收割　　　　　　　　 yíngyǎng chéngfèn

　　重金属　　　　　　　 shōugē

　　转基因　　　　　　　 wǎndào

　　营养成分　　　　　　 zhuǎnjīyīn

三、替换下划线词语 Replace the underline parts with the given words or phrases

1. 快<u>下雨</u>了。

　　育苗　　插秧　　下课（xiàkè, class over）　　新年（xīnnián, New Year）

2. A：该<u>收割</u>了。

　　B：明天去吧。

　　买种子　　灌溉　　消毒　　施肥

3. A：什么时候<u>去买种子</u>?

　　B：还是<u>下星期</u>去吧。

　　去商店/明天　　去做土壤消杀/八点　　去除草/上午（shàngwǔ, morning; a.m.）

4. A：<u>种子越贵越好</u>吗？

    B：应该吧。

商店/大/好　　农学/学/难　　秧苗/长/高

5. A：星期天你做什么？

    B：<u>看看书</u>。

听听音乐　　跑跑步　　休息休息

四、选词填空 Choose the right words to fill in the blanks

为了　　说　　进行　　检测　　这么　　预报　　健康　　阴天　　以后

1. 我每天（měitiān，everyday）都看天气（　　　）。

2. 王老师（　　　）："水稻明天可以收割了。"

3. 今天（　　　）。

4. 水稻（　　　）有很多。

5. 实验田的土壤下星期可以（　　　）消杀了。

6. 你怎么有（　　　）多钱？

7. （　　　）育苗，我们准备了一个大苗床。

8. 我们都要（　　　）。

9. 插秧（　　　），要注意施肥。

五、听力 Listening

（一）听录音，选择正确音节 Listen to the audio and choose the right syllables

1. A. lào　　　　B. lóu　　　　C. lǎng　　　　D. liào

2. A. hē　　　　B. háo　　　　C. hǒu　　　　D. hàn

3. A. gāi　　　　B. gé　　　　C. gěi　　　　D. gòu

4. A. kāng　　　B. hāi　　　　C. kǎi　　　　D. kǎo

5. A. gànggǎn　　B. gāoguì　　C. gēnggǎi　　D. guānguāng

6. A. kāilù　　　B. kēkè　　　C. kāikǒu　　　D. kuānkuò

7. A. hánghǎi　　B. hūhuàn　　C. huāqí　　　D. huǎnghuà

8. A. luóliè　　　B. lúnliú　　　C. guànjī　　　D. guānggù

9. A. xiūhào　　B. huīhuò　　C. kōngkuàng　D. huǐhèn

10. A. lālì　　　　B. lìluo　　　C. liúlì　　　　D. lǔlì

（二）听录音，在词语后边写上听到的序号 Listen to the audio and write down the numbers that you hear behind the words

为了（　　　）　　　　说话（　　　）　　　　进行（　　　）　　　　检测（

这么（　　　）　　　　天气预报（　　　）　　　身体健康（　　　）　　　今天阴天（　　　）

晚稻收割（　　　）　　　快下雨了（　　　）

（三）听录音，写音节 Listen to the audio and fill in the blanks

1.（　　　）shí yuè le.

2.（　　　）míngtiān qù ba.

3. Tiānqì（　　　）shuō míngtiān yīntiān.

4. Yīnggāi（　　　）jiǎncè le.

5. Jiǎncè de（　　　）duō（　　　）hǎo.

六、说一说 Expression

快十月了，大卫打算今天收割水稻。麦克说快下雨了，还是明天去吧。天气预报说明天阴天，阴天也可以收割。水稻收割以后要进行检测，为了健康，检测得越多越好。

 **小贴士 Tips**

一、专业小贴士 Pro tips

转基因作物

植物转基因技术是包括DNA重组、细胞和组织培养等现代生物技术以及常规育种等传统技术在内的一整套技术。

世界上第一例转基因植物于1983年问世，1986年被批准进入田间试验，1994年延熟保鲜转基因番茄在美国批准上市，此后全球转基因作物(GMC)的应用迅速发展。

——节选自：钱迎倩，王亚辉. 20世纪中国学术大典：生物学. 福州：福建教育出版社，2004：448−451.

Transgenic Crop

Plant transgenic technology is a set of technologies including modern biotechnology such as DNA recombination, cell and tissue culture, and traditional techniques such as conventional breeding.

The world's first transgenic plant came out in 1983, and was approved for field trials in

1986. In 1994, the extended-ripening and fresh-keeping transgenic tomato was approved for marketing in the United States. Since then, the application of global genetically modified crops (GMC) has developed rapidly.

—Excerpted from: Qian Yingqian, Wang Yahui. *The 20th Century Chinese Academic Code: Biology.* Fuzhou: Fujian Education Press, 2004, pp. 448-451.

生态农业

生态农业是以生物与环境之间的物质和能量的转化与平衡为基本特征的农业，是现代化农业发展的一种形式。它根据农业生态学原理，把农业生产看作一个生态系统，从生物和环境的结合上，通过合理安排农业的生态经济结构，充分发挥其能量多级转化和物质再生的功能，创造出高产量、少污染的多种农产品，促进农业生产的发展。生态农业在生态学原理上相通于有机农业，又高于有机农业。它不排斥使用农业机械、化肥、农药等"无机农业"的手段，能兼取有机农业与无机农业之长，避二者之短，使农业生产符合社会经济规律和生态平衡自然规律的要求。

——节选自：中国农业百科全书总编辑委员会农业经济卷编辑委员会，中国农业百科全书编辑部. 中国农业百科全书：农业经济卷. 北京：农业出版社，1991：305.

Ecological Agriculture

Ecological agriculture is an agriculture characterized by the transformation and balance of substantia and energy between organisms and the environment, which is a form of modern agricultural development. It regards agricultural production as an ecosystem based on the principles of agroecology. From the perspective of the combination of biology and the environment, through rational arrangement of the ecological and economic structure of agriculture, it can give full play to its multi-level energy conversion and material regeneration, so as to create a variety of agricultural products with high yield and less pollution, and promote the development of agricultural production. Ecological agriculture is similar to organic agriculture in terms of ecological principles, and is higher than organic agriculture. It does not exclude the use of "inorganic agriculture" means such as agricultural machinery, chemical fertilizers, and pesticides. It can take the advantages of both organic agriculture and inorganic agriculture, and avoid the disadvantages of both. So it can make agricultural production meet the requirements of social and economic laws and natural laws of ecological balance.

—Excerpted from: Crop Volume Editorial Committee of China Agricultural Encyclopedia

Chief Editorial Committee, China Agricultural Encyclopedia Editorial Department. *Chinese Agricultural Encyclopedia: Agricultural Economy Volume*. Beijing：Agriculture Press, 1991, p. 305.

二、文化小贴士 Cultural tip

京　剧

京剧是戏曲剧种，流行于全国。清乾隆年间四大徽班入京后，对秦腔、昆曲等诸腔调兼收并蓄，嘉庆、道光年间又和进京的汉调艺人合作，使西皮、二簧两种声腔合流，逐渐形成相当完整的艺术风格和表演体系。乐器伴奏有京胡、二胡、月琴、三弦、笛、唢呐、笙等。唱腔属板式变化体，以西皮、二簧为主要声腔。表演上唱、念、做、打并重，多用程式化动作。对各剧种影响很大。涌现了一大批著名演员。有传统剧目 1000 个以上。中华人民共和国成立后，作为优秀剧目继续上演的约有 200 余出。

——节选自：中国百科大辞典编委会；袁世全. 中国百科大辞典. 北京：华夏出版社，1990：600.

Peking Opera

Peking Opera is a type of Chinese opera that is popular all over China. After the four major Anhui troupes entered Beijing during the Qianlong period of the Qing Dynasty, some opera performers incorporated Qin opera, Kunqu opera and other tunes. During the Jiaqing and Daoguang years, they cooperated with Han tune artists who entered Beijing to merge the two tunes of Xipi and Erhuang, and gradually formed a fairly complete art style and performance system known as Peking Opera now. The instrumental accompaniment of Peking Opera includes Jinghu, Erhu, Yueqin, Sanxian, Di, Suona, Sheng and so on. The vocal music is a variation of the plate style, with Xipi and Erhuang as the main tunes. In the performance, equal emphasis is placed on singing, reading, performing, and acrobatic fighting. The stylized movements are often used. It has a great influence on all kinds of dramas in China. A large number of famous actors emerged. There are more than 1, 000 traditional plays. After the founding of the People's Republic of China, about 200 excellent plays continued to be performed.

—Excerpted from：The editorial board of the Encyclopedia of China Encyclopedia；Editor-in-Chief Yuan Shiquan；Associate Editors Li Xiusong, Xiao Jun, Qi Shuyu, etc. *Encyclopedia of China*. Beijing：Huaxia Publishing House, 1990, p. 600.

第十二课　水稻检测完了

Lesson 12　The Rice Inspection Has Been Finished

kè qián rè shēn
课前热身 Warm up

zhuān yè cí huì
专业词汇 Specialized vocabulary

脱粒	tuōlì	seed-husking；thresh
包装	bāozhuāng	pack；wrap up；packing

nóng yè yàn yǔ
农业谚语 Agricultural proverb

Yī lì liángshi yī dī hàn， lì lì dōu shì jīn bù huàn.
一粒 粮 食一滴汗，粒粒都是金不换。

A grain of food is from a drop of sweat；every grain is gold.

kèwén yī
课文一

今天比昨天冷

（在路上）

麦克：今天真冷啊！

大卫：是啊，今天比昨天冷。

李明：明天比今天更冷。咱们都多穿一点儿。

麦克：去实验室吧！实验室比外边暖和。

大卫：正好去看看水稻检测结果。

Jīntiān bǐ zuótiān lěng

（zài lùshang）

Màikè：Jīntiān zhēn lěng a!

Dàwèi：Shì a，jīntiān bǐ zuótiān lěng.

Lǐ Míng：Míngtiān bǐ jīntiān gèng lěng. Zánmen dōu duō chuān yī diǎnr.

Màikè: Qù shíyànshì ba！ Shíyànshì bǐ wàibian nuǎnhuo.

Dàwèi: Zhènghǎo qù kànkan shuǐdào jiǎncè jiéguǒ.

kèwén èr
课文二

水稻检测完了吗

（在实验室）

大　卫：王老师，水稻检测完了吗？

王老师：水稻检测完了，你们看一下儿。

麦　克：老师，这儿我没看懂。

王老师：我给你讲讲。……你听懂了吗？

麦　克：听懂了。

王老师：可以脱粒包装了。

大　卫：包装袋选好了吗？

李　明：还没有。

Shuǐdào jiǎncè wán le ma

（zài shíyànshì）

Dàwèi: Wáng lǎoshī，shuǐdào jiǎncè wán le ma?

Wáng lǎoshī: Shuǐdào jiǎncè wán le，nǐmen kàn yīxiàr.

Màikè: Lǎoshī，zhèr wǒ méi kàn dǒng.

Wáng lǎoshī: Wǒ gěi nǐ jiǎngjiang. ……Nǐ tīng dǒng le ma?

Màikè: Tīng dǒng le.

Wáng lǎoshī: Kěyǐ tuōlì bāozhuāng le.

Dàwèi: Bāozhuāng dài xuǎn hǎo le ma?

Lǐ Míng: Hái méiyǒu.

🌱 生词 New words

课文一 Text 1

真	（副）	zhēn	really；truly
冷	（形）	lěng	cold
比	（介）	bǐ	compare to

更	（副）	gèng	more
咱们	（名）	zánmen	we
穿	（动）	chuān	to wear
一点儿		yīdiǎnr	a little
外边	（名）	wàibian	outside
暖和	（形）	nuǎnhuo	warm
正好	（副）	zhènghǎo	just in time；just right
结果	（名）	jiéguǒ	result(s)

课文二 Text 2

完	（动）	wán	to be over；to be done
这儿	（代）	zhèr	here
懂	（动）	dǒng	to understand
给	（介）	gěi	for
讲	（动）	jiǎng	to speak；to explain
袋	（名）	dài	bag
一下儿	（数量）	yīxiàr	a number measure word
还	（副）	hái	in adition；still；also

注释 Note

一、真……啊！：今天真冷啊！

"真 + adjective + 啊"表示感叹。例如：

"真 + adjective + 啊" expresses exclamation. For example：

（1）真大啊！

（2）今天真暖和啊！

（3）作业真多啊！

二、咱们：咱们都多穿一点儿。

"咱们"包括说话人和听话人。例如：

"咱们" includes both the speaker and the listener. For example：

咱们去上课吧。

"我们"有两种用法：

"我们" has two usages：

（1）包括说话人和听话人：我们一起去超市。

Both the speaker and the listener are included：Let's go to the supermarket.

（2）不包括听话人：你们是外国人，我们是中国人，咱们都是好朋友。

The listener is not included：You are foreigner，we are Chinese，and we are friends.

三、一点儿：咱们都多穿一点儿。

区别"一点儿"和"有点儿"。

The differences between "一点儿" and "有点儿".

"一点儿"可以作定语。例如：

"一点儿" can be used as an attribute. For example：

（1）我会一点儿汉语。

（2）我去超市买一点儿东西。

"一点儿"用在形容词后边有比较的意思。例如：

"一点儿" means something comparative when it is used after the adjective. For example：

（3）哥哥高一点儿，弟弟矮一点儿。（矮 ǎi，short）

adj＋"一点儿"表示程度小。例如：

adj＋"一点儿" denotes a small degree. For example：

（4）太贵了，便宜一点儿吧。

（5）那个房间很大，这个房间小一点儿。

"有点儿"做状语，用在形容词前，多用于表达不如意的事情。例如：

As an adverbial " 有点儿" is mostly used before the adjective to express that something unsatisfactory has happened. For example：

（6）这件衣服有点儿大。

（7）他今天有点儿不高兴。

四、更：明天比今天更冷。

"更"是副词。"更"用于比较，表示程度增高，多数含有原来也有一定程度的意思。例如：

"更" is an adverb. "更" is used for comparison，which means that the degree is increased. In the most of cases，it indicates it is a certain degree owned by the original. For example：

（1）哥哥比弟弟高。姐姐比哥哥更高。

（2）苹果比香蕉贵。西瓜比苹果更贵。

五、动词＋一下儿: 你们看一下儿。

"动词＋一下儿"表示做一次或者试着做，也表示动作的短暂。如果用在祈使句中，有缓和语气和表示礼貌的作用。有时"动作短暂"的意味不强。例如:

"Verb ＋ 一下儿" indicates that an act takes place very quickly. It can alleviate tones and express politeness in an imperative sentence. Sometimes the sense of short duration is not strong. For example:

（1）我介绍一下儿。（动作短暂）

（2）你去一下儿。（祈使语气）

（3）大卫，请你来一下儿。（祈使语气）

🌱 语法 Grammar

一、比字句（1）The "比" sentence（1）

1. 比较两个事物之间的差异时用"比"字句。例如:

The "比" sentence is used to show the difference between two things through a comparison. For example:

	A	比	B	+	形容词
	A	比	B	+	adjective
（1）	哈尔滨	比	北京		冷。
（2）	苹果	比	香蕉		贵。
（3）	汉语	比	英语		难。

注意 Note:

在"比"字句里，如果谓语是形容词，形容词前不能用"很、非常、真、特别"等副词。例如:

In a "比" sentence, if the predicate is an adjective, it cannot be replaced by such adverbs as "很、非常、真、特别" etc. For example:

*不能说:哥哥比弟弟很高。

苹果比香蕉非常多。

二、结果补语（1）the complement of result（1）

（一）动词和形容词可以放在动词后边作结果补语，表示动作的结果。

The verbs and the adjectives can be placed after verbs as their complements to indicate the result of an act.

1. 肯定形式 The affirmative form：

	动词	+	动词/形容词	+	（了）
	verb	+	verb / adjective	+	（了）

（1）	我	听	懂	了	老师的课。
（2）	我	看	见	了。	
（3）	晚饭	做	好	了。	

2. 否定形式 The affirmative form：

	没（有）	+	动词	+	结果补语
	verb	+	verb / adjective		

（1）这句话我	没有	听	懂。	
（2）他	没有	做	完	今天的作业。

3. 正反疑问句形式 The affirmative-negative question form：

	……了	+	没有？
	……了	+	not？

（1）你看见玛丽	了	没有？
（2）你做完今天的作业	了	没有？

（二）动词后边有结果补语又有宾语时，宾语要放在结果补语后边，不能插在动词和结果补语中间。例如：

If a verb has both a complement of result and an object，the object is placed after the complement and is not inserted between the verb and the complement. For example：

（1）我看到玛丽了。

（2）我没看见你的书。

（三）动态助词"了"要放在结果补语的后边，宾语的前边。例如：

The aspect particle "了" is placed after the complement of result and before the object. For example：

我写对了一个汉字。

（四）常用结果补语Common complements of results：

动词 + 好

verb + 好

表示动作完成并达到了完善、令人满意的程度。例如：

This construct indicates that an act has been finished to a satisfying degree. For example：

（1）饭做好了，可以吃了。

（2）我们俩说好了，明天一起去书店。

（3）考试我已经准备好了。

（4）昨天晚上我没有睡好。

练习 Excercises

一、读一读 Read aloud

说一下儿	听一下儿	看一下儿	写一下儿
听懂了	看见了	做完了	说好了
没听懂	没看见	没做完	没说好

今天比昨天冷　　　昨天没有今天冷

大卫比麦克大一岁　麦克比大卫小

二、连线题 Matching the words and their pinyin

1.　真　　　　　bǐ

　　冷　　　　　zhēn

　　比　　　　　gèng

　　更　　　　　nuǎnhuo

　　咱们　　　　lěng

　　暖和　　　　zánmen

2.　完　　　　　dài

　　懂　　　　　jiǎng

　　讲　　　　　wán

　　结果　　　　zhènghǎo

　　袋　　　　　jiéguǒ

　　正好　　　　dǒng

3.　检测　　　　　　　bāozhuāng
　　脱粒　　　　　　　jiǎncè
　　包装　　　　　　　tuōlì

三、替换下划线词语 Replace the underline parts with the given words or phrases

1.　A：这个 电影怎么样？
　　B：这个 电影比那个 好看（hǎokàn，interesting）。

　　本/书/好　　个/教室/大　　辆/车/新　　件/衣服/短（duǎn，short）

2.　今天比昨天 冷。

　　香蕉/苹果/贵　　这辆自行车/那辆/贵　　这个教室/那个/大
　　这本书/那本/好　　你/大卫/高

3.　A：晚饭 吃完了吗？
　　B：吃完了。/没吃完。

　　电影/看完　　包装袋/选好　　问题（wèntí，question）/听懂

4.　我介绍一下儿。

　　你来　　我去　　你看　　我听

5.　今天真冷啊！

　　苹果/贵　　实验室/大　　这件衣服/漂亮

四、选词填空 Choose the right words to fill in the blanks

　　懂　　好　　完　　有点儿　　一点儿　　一下儿　　更　　比

1.　这个问题我听（　　）了。
2.　明天（　　）冷，咱们都多穿（　　）衣服。
3.　他的衣服（　　）大。
4.　水稻收割（　　）了。
5.　包装袋还没选（　　）。
6.　苹果（　　）香蕉贵。
7.　我介绍（　　），这是大卫。

五、听力 Listening

（一）听录音，选择正确音节 Listen to the audio and choose the right syllables

1.　A．lǎoshī　　　B．lǎoshí　　　C．lǎoshǐ　　　D．lǎoshì
2.　A．miàntiáo　　B．mántou　　　C．níngyuán　　D．pǐnjí

133

3. A. cānglàng   B. sǎngshù   C. cángnì   D. sàngqì

4. A. lǎnhàn   B. nènyá   C. liǎrén   D. niēzhū

5. A. lüèguò   B. duōjiǔ   C. lùnwén   D. tuányuán

6. A. huǒqì   B. nuòmǐ   C. zhàngběn   D. bāozi

7. A. píngjià   B. pēngjī   C. bàomíng   D. bǎomìng

8. A. nénglì   B. néngliàng   C. mèilì   D. méilì

9. A. yuèguò   B. yuēguò   C. yuèguó   D. yuèyě

10. A. yuánwèi   B. yuánwéi   C. yuánwěi   D. yuánwén

（二）听录音，在词语后边写上听到的序号 Listen to the audio and write down the numbers behind the words you hear

真冷（　　　）   正好（　　　）   结果（　　　）   一点儿（　　　）

一下儿（　　　）   检测（　　　）   听懂（　　　）   选好（　　　）

做完（　　　）   咱们（　　　）

（三）听录音，写音节 Listen to the audio and fill in the blanks

1. Jīntiān（　　　）zuótiān lěng.

2. Míngtiān bǐ jīntiān（　　　）lěng.

3. Shíyànshì bǐ wàibiān（　　　）.

4. （　　　）qù kànkan shuǐdào jiǎncè jiéguǒ.

5. Wáng lǎoshī，shuǐdào jiǎncè（　　　）le ma？

6. Bāozhuāng dài xuǎn（　　　）le ma？

六、说一说 Expression

　　今天比昨天冷。明天比今天更冷。他们要去实验室。实验室比外边暖和。他们看见了水稻检测结果，但是麦克没看懂。王老师给他们讲了一下儿。水稻可以脱粒包装了，但是包装袋还没选好。

 **Tips**

一、专业小贴士 Pro tip

脱　粒

　　脱粒是把农作物的籽粒从谷穗或其它结实器官中脱离出来的作业。谷物脱粒的难易程度与谷粒和穗轴及颖壳的固着强度密切相关，谷粒的固着强度又与作物种类、品种、成熟度和湿度有关。据测定，小麦比水稻、籼稻比粳稻易脱粒；成熟度高、湿度小比成熟度低、湿度大的易脱粒。生产上应根据不同作物种类、品种和生理成熟过程中籽粒干物质与水分的变化，来选用适宜的机型和收获脱粒时期。脱粒装置对谷物脱粒的机械作用过程比较复杂，在某种作物脱粒时常以某种作用力为主，也有靠几种作用力的作用来完成脱粒，一般有冲击、揉搓、梳刷、碾压等。脱粒机具要求脱尽率达98%以上，籽粒压碎率(麦、豆)和破壳率(稻谷)在0.5%以下。中国最早的脱粒工具为连枷和石磙，前者是靠人力敲打脱粒，后者是用人力或畜力拉动石磙碾压脱粒。现在许多国家已广泛采用谷物联合收割机进行收获脱粒。联合收割机能同时完成谷物的收割、脱粒、分离和清选等作业，它的总损失率不超过谷物总收获量的1.5%，清洁率高于96%以上。

——中国农业百科全书总编辑委员会农作物卷编辑委员会，中国农业百科全书编辑部．中国农业百科全书：农作物卷（下）．北京：农业出版社，1991：566.

Threshing

Threshing is the operation of separating the grains of crops from earheads or other fruiting organs. The difficulty of grain threshing is closely related to the fixation strength of grain, cob and chaff. The fixation strength of grain is related to crop type, variety, maturity and humidity. According to measurements, wheat is easier to thresh than rice and indica rice than japonica rice; the grains with high maturity and low humidity is easier to thresh than those with low maturity and high humidity. In terms of production, the appropriate machine type and harvesting period should be selected according to different crop types, varieties, and the changes in grain dry matter and water content of physiological maturity. The mechanical action process of the threshing device on the grain threshing is relatively complicated. When threshing a certain crop, generally, a certain force is often used as the main force. But sometimes several forces are used to complete the threshing. The forces generally including impact, rubbing, combing, rolling, etc. The threshing machine requires a threshing rate of over 98%, and a grain crushing rate (wheat, bean) and husk breaking rate (paddy) below 0.5%. The earliest threshing tools in China were flails and stone rollers. The former was threshing by manpower, and the latter was threshing by pulling stone rollers by manpower or animal power. Grain combine harvesters are now widely used in many countries for harvesting and threshing. The combine harvester can complete grain harvesting, threshing, separation and cleaning at the same time, the total loss rate of which does not exceed 1. 5% of the total grain harvest, and the cleaning rate of which is higher than 96%.

—Crop Volume Editorial Committee of China Agricultural Encyclopedia Chief Editorial Committee, China Agricultural Encyclopedia Editorial Department. *Chinese Agricultural Encyclopedia: Crop Volume II*. Beijing: Agriculture Press, 1991, p. 566.

二、文化小贴士 Cultural tip

越 剧

越剧是戏曲剧种，流行于浙江、上海及许多其他省、区、城市。1910年前后，浙江嵊县一带的"落地唱书"受绍剧、余姚腔等影响发展形成。初时只用笃鼓和檀板伴奏，故称"的笃班"或"小歌班"。1921年后称"绍兴文戏"。初时由男演员演出。1923年后，出现了女演员组成的"文武女班"。1936年后，女班盛行，男班及男女合演渐趋淘汰。1938年(一说1942年)始称越剧。解放后，整理改编了《梁山伯与祝英台》《红楼梦》等，并恢复了男女合演。主要曲调有四工调、弦下调等，大都细腻委婉，长于抒情。

——中国百科大辞典编委会；袁世全. 中国百科大辞典. 北京：华夏出版社，1990：600.

Yue Opera

Yue opera is a Chinese opera, popular in Zhejiang, Shanghai and many other provinces, regions and cities. Around 1910, the "Luodichangshu" in Shengxian County, Zhejiang Province was developed under the influence of Shao Opera and Yuyao Opera. At the beginning, it was only accompanied by Du drums and sandalwood boards, so it was called "Deduban" or "Xiaogeban". After 1921, it was called "Shaoxing Wenxi". it was performed by male actors initially. After 1923, a "civil and military female class" composed of actresses appeared. After 1936, female classes became popular, while male classes and co-performances between men and women gradually became obsolete. In 1938 (or 1942), it was called Yue Opera. After the liberation of China, "Liang Shanbo and Zhu Yingtai" and "A Dream of Red Mansions" were sorted out and adapted, and co-performances of men and women were resumed. The main tunes include Sigong tune, Xianxia tune, etc. Most of them are delicate and euphemistic, and good at lyricism.

—Excerpted from the editorial board of the Encyclopedia of China Encyclopedia; Yuan Shiquan. *Encyclopedia of China*. Beijing: Huaxia Publishing House, 1990, p. 600.

第十三课 大米放到贮藏室吧
Lesson 13 Put the Rice in the Storeroom

课前热身 Warm up

zhuān yè cí huì
专业词汇 Specialized vocabulary

贮藏	zhùcáng	to store up; to lay by; to lay in deposit
贮藏室	zhùcángshì	storeroom
室温	shìwēn	room temperature

nóng yè yàn yǔ
农业谚语 Agricultural proverb

Gǔ zi bù jìn cāng, bù néng suàn zuò liáng.
谷子不进仓，不能算作粮。

If the millet is not put into the warehouse, it can not be counted as food.

kèwén yī
课文一

蓝色的没有白色的好

（在农资商店选包装袋）

大卫：蓝色包装袋怎么样？

麦克：蓝色的没有白色的好。

大卫：蓝色的比白色的便宜五块钱。

麦克：要是贮藏用，就选贵的，行不行？

大卫：行。

Lánsè de méiyǒu báisè de hǎo

（zài nóngzī shāngdiàn xuǎn bāozhuāng dài）

Dàwèi：Lánsè bāozhuāng dài zěnme yàng?

Màikè：Lánsè de méiyǒu báisè de hǎo.

Dàwèi: Lánsè de bǐ báisè de piányi wǔ kuài qián.

Màikè: Yàoshì zhùcáng yòng, jiù xuǎn guì de, xíng bu xíng?

Dàwèi: Xíng.

课文二

大米放到贮藏室吧

（在实验室门口）

麦克: 大米包装好了，放到哪儿?

大卫: 放到贮藏室吧。

（在贮藏室里）

麦克: 这里又大又干净啊。

大卫: 先去看看室温多少度?

麦克: 7度。

大卫: 调到3度吧。

麦克: 调好了。大米放在地上吗?

大卫: 不，要放在桌子上。

Dàmǐ fàng dào zhùcángshì ba

（zài shíyànshì ménkǒu）

Màikè: Dàmǐ bāozhuāng hǎo le, fàng dào nǎr?

Dàwèi: Fàng dào zhùcángshì ba.

（zài zhùcángshì li）

Màikè: Zhèlǐ yòu dà yòu gānjìng a.

Dàwèi: Xiān qù kànkan shìwēn duōshao dù?

Màikè: 7 dù.

Dàwèi: Tiáo dào 3 dù ba.

Màikè: Tiáo hǎo le. Dàmǐ fàng zài dìshang ma?

Dàwèi: Bù, yào fàng zài zhuōzi shang.

🌿 生词 New words

课文一 Text 1

蓝色	（名）	lánsè	blue
白色	（名）	báisè	white
要是……就……		yàoshì……jiù……	If... then...
行	（动）	xíng	to be all right; OK

课文二 Text 2

放	（动）	fàng	to lay aside
到	（动）	dào	up until; up to
这里	（名）	zhèlǐ	here
那里	（名）	nàlǐ	there
又	（副）	yòu	an adverb indicates the simultaneous existence of several conditions or properties
干净	（形）	gānjìng	clean; neat
度	（名）	dù	degree; Celsius degree
调	（动）	tiáo	to adjust
地上		dìshang	on the floor
桌子	（名）	zhuōzi	desk; table

🌿 注释 Note

一、行：要是贮藏用，就选贵的，行不行？

表示同意时可以说"行"。例如：

"行" is used to express agreement. For example：

（1）A：我们下午去实验室吧。

　　　B：行。/不行。

（2）A：我们一起插秧，行不行？

　　　B：行/不行。

二、又……又……：这里又大又干净。

"又……又……"用来连接并列的动词、形容词或动词、形容词词组，表示两种情况或状态同时存在。例如：

"又……又……" is used with paralleling verbs，adjectives or verbs，adjective phrases to show the coexistence of two states．For example：

（1）今天又要除草又要施肥。

（2）他每天又学习又工作。

（3）这种包装袋又好又便宜。

（4）这个西瓜又大又甜（tián，sweet）。

🌱 语法 Grammar

一、比字句（2）The "比" sentence（2）

1．比较事物间数量、程度的具体差别时用数量补语。数量补语要放在形容词后边。

A complement of quantity is used to show specific difference in quantity or degree between two things．A complement of quantity is placed after an adjective.

A	比	B +	形容词	+	数量词（补语）
A	比	B +	adjective	+	numeral-classifier compound (complement)

例如 For example：

（1）蓝色的　　　比　白色的　贵　　　　五块钱。

（2）这种消毒剂　比　那种　　多了　　　一瓶。

（3）这个实验室　比　那个实验室　　　大　十平方米（píngfāngmǐ，square metre）。

2．"比"的否定是"没有"，不是"不比"。否定句中不能再加补语。例如：

The negative form for "比" is "没有"，not "不比"．The complement can not be used in the negative sentence of "比"．For example：

（1）蓝色的比白色的贵五块钱。→白色的没有蓝色的贵。

（2）这种消毒剂比那种多了一瓶。→那种消毒剂没有这种多。

3．"不比"只在否定或反驳对方的话时才用。例如：

"不比" is only used to express disagreement or refutation．For example：

（1）A：蓝色的比白色的贵吧？

B：蓝色的不比白色的贵，都是二十块钱一个。

（2）A：这种消毒剂比那种多了一瓶？

　　　　B：这种消毒剂不比那种多，都是 100 瓶。

二、"的"字短语 "的" phrases

"的"字附在名词、代词、形容词、动词等实词或词组后边组成"的"字短语，其作用相当于名词，可以充当名词能充当的句子成分，如主语和宾语。例如：

"的" phrase is formed by attaching the particle "的" to a noun, pronoun, adjective, verb or a phrase. Its functions are equal to those of nouns. It may act as a noun and can be used as the sentence elements, such as the subject and the object. For example：

（1）这个实验田是<u>农学院的</u>。（＝农学院的实验田）"名词＋的"作宾语

（2）这些书都是<u>你的</u>吗？（＝你的书）"代词＋的"作宾语

（3）<u>那个大的</u>是我们的教室。（＝大教室）"形容词＋的"作主语

（4）这本书是<u>借（jiè, to borrow）的</u>，不是<u>买的</u>。（＝借的书，买的书）"动词＋的"作宾语

三、要是……就…… if

"要是……就……"连接一个复句。"要是"是连词，后面的句子提出一种假设，"就"是副词，后面的句子说出在这种情况下采取的行动或出现的结果。例如：

"要是……就……" links a complex sentence. "要是" is a conjunction. The sentence after it put forwards a hypothetical condition. "就" is an adverb. The sentence after it expresses the action or result adopted under such a condition. For example：

（1）要是想买种子，就去买吧。

（2）要是白色的不好，就选蓝色的。

注意Note：

1. "要是"后边可加"的话"，口语中也可以不说"要是"，只说"……的话"。例如：

"的话" can be added after "要是". In oral Chinese, "要是" may not be used, and "……的话" is only used. For example：

想买种子的话，就去买吧。

2. "就"只能放在主语的后边。例如：

"就" can be only placed after the subject. For example：

要是下雨，我就不去超市了。

*不能说：要是下雨，就我不去超市了。

四、结果补语（2）：在、到 the complement of result（2）：在、到

1. 动词 + 在 + 处所：表示通过动作使某人或某物处于某处。宾语为处所词语。例如：

This construct indicates the location or position to which someone or something is placed through an act. Its object is a word denoting place. For example：

（1）大米放在桌子上。

（2）水浇在苗床上。

（3）种子种在黑土里。

2. 动词 + 到 + 处所：表示人或事物随动作到达某处，宾语为处所词语。例如：

Verb + 到 + place indicates that something has reached a place through an act and the object is a word denoting a place. For example：

（1）往前走，走到路口右转。

（2）种子种到试验田里了。

🌱 练习 Exercises

一、读一读 Read aloud

蓝色	白色	室温 22 度	又大又干净	又多又便宜
放到这里	看到那里	走到实验田	种到实验田里	
放在桌子上	种在土里	浇在苗床上	走在右边	
买完种子	看完书	浇完水	插完秧	

二、连线题 Matching the words and their pinyin

1. 蓝色   jiù

 白色   xíng

 要是   báisè

 就   lánsè

 行   yàoshì

2. 这里   zhuōzi

 放   dù

 到   tiáo

 又   fàng

干净	dìshang
度	yòu
调	dào
地上	zhèlǐ
桌子	gānjìng
3. 贮藏	zhùcángshì
贮藏室	shìwēn
室温	zhùcáng

三、替换下划线词语 Replace the underline parts with the given words or phrases

1. A：这个比那个 好吗？
   B：这个没有那个好。

   左边的／右边的／贵　　大的／小的／干净　　汉语／英语（yīngyǔ, English）／难

2. A：这块实验田比那块大吧？
   B：这块不比那块 大。

   蓝色／白色／好看（hǎokàn, good-looking）
   这里的水／那里的／深
   杂草／秧苗／多

3. 今天比昨天 冷一点儿。

   秧苗／杂草／多一点儿　　汉语／英语／难一些
   他／我／高两厘米（liǎng límǐ, 2 centimeters）　　这种／那种／贵 10 块钱

4. A：明天做什么？
   B：要是不下雨，就去插秧。

   不冷／去玩儿（wánr, to play） 有时间（shíjiān, time）／去选种
   有钱／去超市买东西

5. A：这个实验室怎么样？
   B：这个实验室 又大又干净。

   这里的苹果／又便宜又好吃　　他买的种子／又贵又不好
   作业（zuòyè, homework）／又多又难

四、选词填空 Choose the right words to fill in the blanks

到	给	在	好	完	懂	见

1. 晚饭我已经做（　　）了。

2. 你的汉语书找（　　）了吗？

3. 我今天看（　　）大卫了。

4. 汉语书放（　　）桌子上了。

5. A：吃（　　）饭，我们一起去实验室吧。

　　B：不行。今天的作业还没写（　　）呢。吃（　　）饭我得写作业。

6. 水稻检测结果你看（　　）了吗？

7. A：这辆自行车是谁送（　　）你的？

　　B：是朋友送（　　）我的。

五、听力 Listening

（一）听录音，选择正确音节 Listen to the audio and choose the right syllables

1. A. báisè　　　　B. bǎitiān　　　C. bāngzhù　　　D. bāntiān

2. A. nēi　　　　　B. nàn　　　　　C. léi　　　　　D. lěi

3. A. duō　　　　　B. tuō　　　　　C. nuò　　　　　D. suō

4. A. biē　　　　　B. biě　　　　　C. nié　　　　　D. tiè

5. A. jiáo　　　　　B. qiáo　　　　　C. xiáo　　　　　D. liǎo

6. A. dàkāi　　　　B. dǎkāi　　　　C. zhàkāi　　　　D. chàkāi

7. A. chízhōng　　B. shízhōng　　C. chízhòng　　D. zìzhòng

8. A. shǐyòng　　　B. shīyòng　　　C. shíyòng　　　D. shìyòng

9. A. tǔdì　　　　　B. tūqǐ　　　　　C. tǔqì　　　　　D. túdì

10. A. sīguā　　　　B. xīguā　　　　C. sīkuā　　　　D. xìkuā

（二）听录音，在词语后边写上听到的序号 Listen to the audio and write down the numbers behind the words you hear

要是（　　）　　　　蓝色（　　）　　　这样就行（　　）　　白色（　　）

调到 5 度（　　）　　放到地上（　　）　　又大又好（　　）　　这里干净（　　）

放在桌子上（　　）

（三）听录音，写音节 Listen to the audio and fill in the blanks

1. Lánsè de méiyǒu（　　）hǎo.

2. （　　）zhùcáng yòng，jiù xuǎn guì de.

3. Fàng（　　）zhùcángshì ba.

4. Zhèlǐ yòu dà yòu（　　）a.

5. Fàng zài（　　　）shang.

6. Zhè běn shū bǐ nà běn shū piányi（　　　）.

六、说一说 Expression

蓝色的包装袋没有白色的好，但是（dànshì, but）比白色的便宜五块钱。要是贮藏用，就买贵的。大米包装好了以后，要放在贮藏室的桌子上。那里又大又干净，室温已经调到了3度。

 **Tips**

一、专业小贴士 Pro tip

真空贮藏

真空贮藏又称减压贮藏、低压贮藏、负气压贮藏等。利用真空减压系统使水果、蔬菜、肉禽、水产等生鲜农副产品处于真空环境中的一种现代贮藏方法。可显著延缓营养物质降解和生物氧化过程，延长贮运保鲜期限。

——农业大词典编辑委员会编.《农业大词典》. 北京：中国农业出版社，1998，第2098页.

Vacuum Storage

Vacuum storage is also called decompression storage, low pressure storage, negative pressure storage, etc. It is a modern storage method that uses a vacuum decompression system to keep fresh agricultural and sideline products such as fruits, vegetables, meat and poultry, and aquatic products in a vacuum environment. It can significantly delay the degradation of nutrients and the process of biological oxidation, so as to prolong the period of storage and transportation.

—the Editorial Committee of the Great Dictionary of Agriculture. *The Great Dictionary of Agriculture*. Beijing: China Agriculture Press, 1998, p. 2098.

二、文化小贴士 Cultural tip

昆　曲

昆曲又称"昆山腔""昆腔""昆剧"，属于戏曲声腔剧种。原为昆山（今江苏）一带的民间戏曲腔调，经元末顾坚等改进，至明初已有"昆山腔"之称。经许多艺人的不断改进，曲调宛转细腻，对许多剧种影响深远，形成一种声腔系统。伴奏乐器有笛、箫、笙、琵琶及鼓、板、锣等。有完整独特的表演体系。清中叶后，因日益脱离群众而渐衰。中华人民共和国成立后，进行了艺术改革，逐步获得新生命。

——中国百科大辞典编委会；袁世全. 中国百科大辞典. 北京：华夏出版社，1990：600.

Kunqu Opera

Kunqu Opera is also called "Kunshan Tune", "Kun Tune" and "Kun Drama". It is a kind of Chinese tune opera. It was originally a tune of folk opera in Kunshan (now Jiangsu). It was improved by Gu Jian and others in the late Yuan Dynasty, and it was known as "Kunshan Tune" in the early Ming Dynasty. After continuous improvement by many artists, the melody is delicate and subtle, which has a profound influence on many operas and forms a vocal cavity system. Its accompaniment instruments include flute, Xiao, Sheng, Pipa and drums, Boards, gongs and so on. There is a complete and unique performance system in this opera. After the middle of the Qing Dynasty, it gradually declined due to its increasingly divorced from the masses. After the founding of the People's Republic of China, art reforms were carried out, and Kunqu opera gradually gained its new life.

—Excerpted from：The editorial board of the Encyclopedia of China Encyclopedia；Yuan Shiquan. *Encyclopedia of China*. Beijing：Huaxia Publishing House, 1990, p. 600.

第十四课　我们把实验室打扫打扫吧

Lesson 14　Let's Clean up the Laboratory

课前热身 Warm up

zhuān yè cí huì
专业词汇 Specialized vocabulary

| 样品 | yàngpǐn | sample |
| 大米加工厂 | dàmǐ jiāgōngchǎng | rice processing plant |

nóng yè yàn yǔ
农业谚语 Agricultural proverb

Shuí zhī pán zhōng cān,　lì lì jiē xīn kǔ.
谁 知 盘 中 餐，粒 粒 皆 辛 苦。

Who knows the dish meal，in which every grain is from bitter work.

kèwén yī
课文一

我们把实验室打扫打扫吧

（在实验室）

李明：你们怎么还没走？

麦克：我们刚把实验做完。

大卫：实验室太脏了，我们把它打扫打扫吧。

李明：我帮你们。我把桌子擦擦。

麦克：我把实验样品整理一下。

大卫：我把地扫扫。

Wǒmen bǎ shíyànshì dǎsao dǎsao ba

（zài shíyànshì）

Lǐ Míng: Nǐmen zěnme hái méi zǒu?

Màikè: Wǒmen gāng bǎ shíyàn zuò wán.

Dàwèi：Shíyànshì tài zāng le，wǒmen bǎ tā dǎsao dǎsao ba.

Lǐ Míng：Wǒ bāng nǐmen．Wǒ bǎ zhuōzi cāca.

Màikè：Wǒ bǎ shíyàn yàngpǐn zhěnglǐ yīxiàr.

Dàwèi：Wǒ bǎ dì sǎosao.

课文二

他们把大米做成了糖

（在教室）

麦克：老师，我们把大米放到贮藏室了。

王老师：你们把温度调好了吗？

麦克：调好了。

王老师：好的。听说你们去参观大米加工厂了。

麦克：是的，原来水稻不仅可以做成米饭，还可以做成那么多东西。

大卫：他们把大米做成了糖。

李明：他们还把大米变成了米酒。

麦克：我最喜欢他们把大米做成了"薯片"。

Tāmen bǎ dàmǐ zuò chéng le táng

（zài jiàoshì）

Màikè：Lǎoshī，wǒmen bǎ dàmǐ fàng dào zhùcángshì le.

Wáng lǎoshī：Nǐmen bǎ wēndù tiáo hǎo le ma?

Màikè：Tiáo hǎo le.

Wáng lǎoshī：Hǎo de．Tīngshuō nǐmen qù cānguān dàmǐ jiāgōngchǎng le.

Màikè：Shìde，yuánlái shuǐdào bùjǐn kěyǐ zuò chéng mǐfàn，hái kěyǐ zuò chéng nàme
　　　　duō dōngxi.

Dàwèi：Tāmen bǎ dàmǐ zuò chéng le táng.

Lǐ Míng：Tāmen hái bǎ dàmǐ biàn chéng le mǐjiǔ.

Màikè：Wǒ zuì xǐhuan tāmen bǎ dàmǐ zuò chéng le "shǔpiàn".

生词 New words

课文一 Text 1

把	（介）	bǎ	indicate The object is the acceptor of the verb that follows
实验	（名）	shíyàn	experiment；test
	（动）	shíyàn	to do some experiment；to test
脏	（形）	zāng	dirty
它	（代）	tā	it
打扫	（动）	dǎsǎo	to clean
帮	（动）	bāng	to help
擦	（动）	cā	to wipe；to scrub
整理	（动）	zhěnglǐ	to arrange；to put in order
地	（名）	dì	floor；ground
扫	（动）	sǎo	to sweep

课文二 Text 2

温度	（名）	wēndù	temperature
听说	（动）	tīngshuō	to be told；to hear of
参观	（动）	cānguān	to visit
原来	（副）	yuánlái	originally；formerly
不仅	（连）	bùjǐn	not only
米饭	（名）	mǐfàn	cooked rice
东西	（名）	dōngxi	thing
成	（动）	chéng	to become；to turn into
糖	（名）	táng	candy；sweet(s)
变	（动）	biàn	to change
米酒	（名）	mǐjiǔ	rice wine
最	（副）	zuì	most
喜欢	（动）	xǐhuan	to like
薯片	（名）	shǔpiàn	potato chips

🌱 注释 Note

不仅……还……：原来水稻不仅可以做成米饭，还可以做成那么多东西。

"不仅……还……"表示递进关系。递进关系是指在意义上更近一层，且有一定逻辑关系。"还"后面的分句比前面的句子向更深、更大、更难的方向推进一层。例如：

"不仅……还……" indicates a progressive relationship. Progressive relationship means that it is closer in meaning and has a certain logical relationship. The clauses behind "还" advance deeper, bigger and more difficult than the previous sentences. For example：

（1）他不仅喜欢汉语，还喜欢英语。

（2）大卫不仅学习好，还喜欢帮助别人。

🌱 语法 Grammar

一、结果补语（3）the complement of result（3）

"成"作结果补语，表示使一种事物成为另一种事物，变化的结果可以是好的，也可以是不好的；可以表示动作完成，达到了目的；有时指某事物因动作而出现了错误的结果。例如：

"成" as a complement of result indicates the change brought about by an action or the transformation of one thing into another(caused by an action), the result of which may be good or bad. It also indicates the completion of an act, something is done and changed or unexpected outcomes are brought about by an action. For example：

（1）A：你说要去北京，去成了吗？

B：去成了。

（2）这篇课文，老师让我们翻译（fānyì，to translate）成汉语。

（3）这是个"我"字，你写成"找"字了。

二、"把"字句 The "把" sentence

"把"字句是介词"把"及其宾语在句子中作状语的动词谓语句。

A "把" sentence is the sentence in which the preposition "把" and its object combine to function as an adverbial in a sentence in which the verb is the predicate.

汉语句子的谓语动词与结果补语是紧密结合在一起的，中间不能再插入其他成分。当谓语动词带"在""到""给"和"成"等结果补语时，它们的宾语必须紧随其后。而谓语动词本身如有宾语，则这个宾语既不能置于动词之后，也不能置于结果补语之后，更不能置于"动词 + 在/到/给/成"的宾语之后。因此，必须用"把"将谓语动词的宾语提到动词前边，组成"把"字句。

The predicate-verb in a Chinese sentence is often closely linked with a complement indicating a result. Usually no other elements can be inserted in between. When a predicate-verb takes "在""到""给" and "成" as its complement (of result), its object must immediately follow. If the predicate-verb itself has an object, this object cannot be placed after the verb, nor can it be placed after the complement of result or after the object of " verb + 在/到/给/成". Therefore, we have to use the word "把" and put the object of the predicate-verb before the verb, to form a "把" sentence.

这类"把"字句表达通过某种动作使某确定事物（"把"的宾语）发生某种变化或产生某种结果。这种变化和结果一般是位置的移动、从属关系的转移和形态的变化等。

This type of "把" sentence is used to express the changes or the results brought about on the object of "把" through an action. These changes or results usually involve the changes in position or in condition.

1. "把"字句的常用结构形式（1）是：

The structure of "把" sentence（1）is

| （主语） + 把 + 宾语 + 动词 + 在/到/给/成 + 宾语 + （了） |
| （subject）+ 把 + object + verb + 在/到/给/成 + object + （了） |

例如 For example：

（1）	我	把	书	放	到	书包里	了。
（2）	你	把	作业	交	给	老师	吧。
（3）	他	把	大米	做	成	"薯片"	了。
（4）	他	把	面包	放	到	桌子上	了。
（5）	妈妈	把	钱	给我	寄（jì, to send; to post）来 了。
（6）	他	把	论文	翻译	成	英语	了。

2. "把"字句的常用结构形式（2）是：

The structure of "把" sentence（2）is

| 主语   + 把 + 宾语 + 动词 + 其他成分（了，着） |
| subject + 把 + object + verb + other elements（了，着） |

例如 For example：

| （1） | | 别忘了把 | 护照 | 拿 | 着。 |
| （2） | 他 | 不小心把 | 杯子 | 打 | 了。 |

3. "把"字句的常用结构形式（3）是：

The structure of "把" sentence（3）is

主语	+	把	+	宾语	+	动词重叠
subject	+	把	+	object	+	verb reduplicated

例如 For example：

（1） 我 想 把 实验室 打扫打扫。

（2） 你 把 桌子 擦擦。

注意 Note：

★ 使用"把"字句的要求：

★ Some conditions for using "把" sentence

1. 主语一定是谓语动词所表示动作的发出者。例如：

The subject must be the agent of the act the predicate indicates. For example：

（1）他把作业写完了。（"作业"是"他""写"的）

（2）大卫把衣服洗干净了。（"衣服"是"大卫""洗"的）

2. "把"的宾语同时也是谓语动词涉及的对象，而且必须是特指的。这种特指可以是明指，也可以是暗指。所谓"明指"是宾语前有"这""那"或定语等明显的标记；"暗指"是宾语前没有这些标记，但在说话人脑子里想的是特定的人或物，在一定的语境中，听话人清楚说话人的所指。

The object of "把" sentence must be at the same time the recipient of the act the predicate indicates, and must be definite, i. e. with a specific reference. This specific reference may be clearly stated by using the determiners "这" and "那" or an attribute before the object, or implied, i. e. the speaker, as well as the listener, knows exactly what is being referred to in the context.

（1）你把那件衣服洗了吗?

（2）你把衣服洗了吗?

3. 动词后面一定有其他成分，说明动作产生的结果或影响。所谓"其他成分"是指"了"、重叠动词、动词的宾语和补语等。例如：

There must be some other elements following the verb to indicate the result or effect of the act. These "other elements" means "了", a reduplicated verb, the object and complement of the verb. For example：

（1）他把作业写完了。

（2）你把桌子擦擦。

（3）他把苹果拿（ná, to take; to bring）给妈妈了。

（4）别把电脑拿走。

4．否定副词"没（有）"或能愿动词应放在"把"的前边，不能放在动词的前边。例如：

The negation adverb "没（有）" and modal verbs are placed before "把". They cannot be placed before the verb. For example：

（1）他没把作业都写完。

*不能说：他把作业没写完。

（2）我要把这件礼物送给他。

*不能说：我把这件礼物要送给他。

5．带可能补语的句子表示可能，所以不能用于"把"字句。例如：

A sentence with the complement of potentiality denotes possibility so "把" sentence cannot be used. For example：

*不能说：我把作业写得完。

*不能说：他把实验做得好。

练习 Exercises

一、读一读 Read aloud

把教室打扫打扫　　　　　　　　　把生词复习复习

把课文读读　　　　　　　　　　　把地擦擦

把作业交（jiāo，to hand over）给老师　　把教室借（jiè，to borrow; to lend）给他们

把车开到学校　　　　　　　　　　把饮料放到冰箱里

把桌子搬（bān，to move）到教室　　把老师送到机场（机场 jīchǎng，airport）

把单词翻译成汉语　　　　　　　　把美元换（huàn，to exchange）成人民币

把房间打扫一下儿　　　　　　　　把练习做一下儿

把车卖了　　　　　　　　　　　　把水喝了

二、连线题 Matching the words and their pinyin

1.
实验	bǎ
打扫	cādì
帮	shíyàn
把	zāng
擦地	cānguān
整理	wēndù
温度	dǎsǎo
听说	bāng
参观	zhěnglǐ
脏	tīngshuō

2.
薯片	zuì xǐhuan
原来	shǔpiàn
不仅	zuìhǎo
米饭	mǐjiǔ
东西	biànchéng
变成	mǐfàn
米酒	dōngxi
最好	yuánlái
最喜欢	bùjǐn

三、替换下划线词语 Replace the underline parts with the given words or phrases

1. 他把冰箱 搬到了厨房。

妈妈/送/超市　衣服/放/衣柜（yīguì, wardrobe）
车/开/学校　女儿/送/中国

2. 我想把这些水果 送给老师。

这本书/寄/大卫　这支笔/送/弟弟
这些作业/交/王老师　这些钱/借/我的朋友

3. A：你是不是想把这个句子 翻译成英语？
B：对。（我想把这个句子 翻译成英语。）

这本小说/拍/电视剧（diànshìjù, TV drama）
这个房间/布置/书房（shūfáng, study）　这个故事（gùshi, story）/写/小说（xiǎoshuō, novel）

4. 你们把东西 放好。

书/带　衣服/挂（guà, to hang）　钱/放

5. 你把单词 写一下儿。

那本书/看　课文/读　房间/打扫　练习/做

6. 你把这些生词 复习复习。

房间/打扫打扫　这本书/看看　这件衣服/洗洗

7. 请把窗户 打开。

房间/打扫干净　饭/做好　作业/写完

四、选词填空 Choose the right words to fill in the blanks

参观	完	到	整理	成

1. 我把实验样品（　　　）一下。
2. 我们把大米放（　　　）贮藏室了。
3. 他们把大米做（　　　）了糖。
4. 我们刚把实验做（　　　）。
5. 我们去（　　　）大米加工厂了。

五、听力 Listening

（一）听录音，选择正确音节 Listen to the audio and choose the right syllables

1. A. zhēngzhí   B. zhěngzhì   C. zhèngzhì   D. zhèngzhí
2. A. xiūchuán   B. jiùchuán   C. liúzhuǎn   D. niúzhuǎn
3. A. pífū   B. dìfū   C. xīfú   D. qīfu
4. A. lèishuǐ   B. méishuì   C. huíshuǐ   D. féishuǐ
5. A. liáojiě   B. qiǎojiě   C. jiāojiē   D. xiǎojié
6. A. dédào   B. déliǎo   C. dézhāo   D. déyào
7. A. bǎohù   B. bāohù   C. bàohù   D. bǎohú
8. A. mǎlì   B. máli   C. mǎlǐ   D. mǎlí
9. A. zhāntiē   B. zhǎntīng   C. zhāngtiē   D. zhǎngtíng
10. A. hòubian   B. hòumian   C. hóngbiàn   D. hóngmián

（二）听录音，在词语后边写上听到的序号 Listen to the audio and write down the numbers that you hear behind the words

把实验做完（　　　）   太脏了（　　　）   把桌子擦擦（　　　）   打扫打扫（　　　）
整理（　　　）   把温度调好（　　　）   参观加工厂（　　　）   原来（　　　）
最喜欢（　　　）

（三）听录音，写音节 Listen to the audio and fill in the blanks

1. Wǒmen（　　　）bǎ shíyàn zuò wán.
2. Shíyànshì tài（　　　）le, wǒmen bǎ tā（　　　）dǎsao ba.
3. Wǒ bǎ shíyàn yàngpǐn（　　　）yīxiàr.
4. Tīngshuō nǐmen qù（　　　）dàmǐ jiāgōngchǎng le？
5. （　　　）shuǐdào（　　　）kěyǐ zuò chéng mǐfàn，hái kěyǐ zuò chéng nàme duō dōngxi.
6. Wǒ（　　　）tāmen bǎ dàmǐ zuò chéng le shǔpiàn.

六、说一说 Expression

麦克和大卫刚把实验做完。实验室太脏了！他们想把实验室打扫打扫。李明把桌子擦擦；麦克把实验样品整理一下儿；大卫把地扫扫。

麦克告诉王老师，他们把大米放到贮藏室了，把温度调好了。麦克说，他们去参观大米加工厂了，原来大米不仅可以做成米饭，还可以做成很多东西。他们把大米做成了糖，还把大米做成了米酒。麦克最喜欢他们把大米做成了"薯片"。

 **Tips**

一、专业小贴士 Pro tip

大米深加工

大米深加工可分为横向加工和纵向加工两种。横向加工是指直接将大米加工成米粉、米线、甜酒、糍粑、米饼、配方米粉等；纵向加工是指将大米中各有效成分分离纯化后，挖掘其在食品、医药等行业的价值，如大米蛋白、大米淀粉、米穗油等。

——摘自【知网随问】王玉洁. 湖南省大米产业现状及发展对策研究. 长沙：湖南农业大学.

Rice Intensive Processing

Rice intensive processing can be divided into two types: horizontal processing and vertical processing. Horizontal processing refers to directly processing rice into rice flour, rice noodles, sweet wine, glutinous rice cakes, rice cakes, formula rice flour, etc. ; vertical processing refers to separating and purifying the active ingredients in rice to tap its value in food, medicine and other industries, such as rice protein, rice starch, rice ear oil, etc.

—Excerpted from: [CNKI Quickanswer] Wang Yujie. *Research on the Current Situation and Development Countermeasures of Rice Industry in Hunan Province*. Changsha: Hunan Agricultural University.

二、文化小贴士 Cultural tip

黄梅戏

　　黄梅戏属于，戏曲剧种，旧称"黄梅调"，流行于安徽及江西、湖北等省部分地区。清乾隆末期，湖北黄梅的采茶调传入安徽安庆地区后，吸收青阳腔、徽剧及民间歌舞、音乐、说唱融合而成。唱腔委婉清新，表演细腻，生活气息浓郁。中华人民共和国成立后，先后整理编演了《打猪草》、《天仙配》等剧目。

　　——中国百科大辞典编委会编；袁世全. 中国百科大辞典. 北京：华夏出版社，1990：600.

Huangmei Opera

Huangmei Opera is a genre of Chinese opera. It used to be called "Huangmei Diao". It is popular in Anhui province, and some areas in Jiangxi province and Hubei province. Huangmei Opera was formed at the end of the Qianlong period of the Qing Dynasty. After the tea-picking tune of Huangmei in Hubei was introduced to Anqing, Anhui, it absorbed Qingyang tune, Hui opera, folk songs and dances, music, and rap. Its singing is euphemistic and its performance is delicate, with a strong flavor of real life. After the founding of the People's Republic of China, some plays such as "mowing Pigweed" and "Pairing of Immortals" were edited and performed.

—Excerpted from：The editorial board of the Encyclopedia of China Encyclopedia; Yuan Shiquan. *Encyclopedia of China*. Beijing: Huaxia Publishing House, 1990, p. 600.

第十五课　朋友送了我一瓶米醋

Lesson 15　My Friend Gave Me a Bottle of Rice Vinegar

课前热身 Warm up

---

nóng yè yàn yǔ
农业谚语 Agricultural proverb

Yī lì rù dì,　wàn lì guīcāng.
一粒入地，万粒归仓。

One seed is planted to the ground, ten thousand grains return to the warehouse.

---

kèwén yī
课文一

我的手被热水烫伤了

（在李明的宿舍）

李明：听说你的手机被人偷走了？

大卫：手机没被人偷走，我把它忘在食堂了。

（麦克来了）

麦克：李明，把你的自行车借我用一下儿。

李明：你的自行车呢？

麦克：我的自行车被同学骑走了。

李明：你要去哪儿？

麦克：我的手被热水烫伤了，去医院买点儿药。

Wǒ de shǒu bèi rèshuǐ tàng shāng le

（zài Lǐ Míng de sùshè）

Lǐ Míng：Tīngshuō nǐ de shǒujī bèi rén tōu zǒu le?

Dàwèi：Shǒujī méi bèi rén tōu zǒu, wǒ bǎ tā wàng zài shítáng le.

（Màikè lái le）

Màikè：Lǐ Míng, bǎ nǐ de zìxíngchē jiè wǒ yòng yīxiàr.

Lǐ Míng：Nǐ de zìxíngchē ne?

Màikè：Wǒ de zìxíngchē bèi tóngxué qí zǒu le.

Lǐ Míng：Nǐ yào qù nǎr?

Màikè：Wǒ de shǒu bèi rèshuǐ tàng shāng le, qù yīyuàn mǎi diǎnr yào.

kèwén èr
课文二

醋让大卫用完了

（在厨房做饭）

李明：你吃过糖醋鱼吗?

麦克：我听说过，没吃过。

李明：老师给了我一条鱼，我们做糖醋鱼吧。

麦克：可是醋让大卫用完了。

李明：正好昨天朋友送了我一瓶米醋。

麦克：盐也叫大卫用完了。

李明：你先把米饭做好，我去买盐。

（一个小时以后）

李明：糖醋鱼做好了，米饭也做好了。

麦克：终于可以吃饭了!

Cù ràng Dàwèi yòng wán le

（zài chúfáng zuòfàn）

Lǐ Míng：Nǐ chī guo tángcùyú ma?

Màikè：Wǒ tīngshuō guo, méi chī guo.

Lǐ Míng：Lǎoshī gěi le wǒ yī tiáo yú, wǒmen zuò tángcùyú ba.

Màikè：Kěshì cù ràng Dàwèi yòng wán le.

Lǐ Míng：Zhènghǎo zuótiān péngyou sòng le wǒ yī píng mǐcù.

Màikè：Yán yě jiào Dàwèi yòng wán le.

Lǐ Míng：Nǐ xiān bǎ mǐfàn zuò hǎo, wǒ qù mǎi yán.

（yī gè xiǎoshí yǐhòu）

Lǐ Míng：Tángcùyú zuò hǎo le, mǐfàn yě zuò hǎo le.

Màikè：Zhōngyú kěyǐ chīfàn le!

🌱 生词 New words

课文一 Text 1

手机	（名）	shǒujī	cellphone
被	（介）	bèi	by(indicate that the subject is the recipient of the action)
偷	（动）	tōu	to steal
忘	（动）	wàng	to forget
食堂	（名）	shítáng	dining room; canteen
自行车	（名）	zìxíngchē	bicycle
借	（动）	jiè	to borrow
同学	（名）	tóngxué	classmate(s)
骑	（动）	qí	to ride
手	（名）	shǒu	hand(s)
热	（形）	rè	hot
烫	（动）	tàng	to burn; to scald
伤	（动）	shāng	to injure; to hurt
	（名）	shāng	injury; hurt
医院	（名）	yīyuàn	hospital
药	（名）	yào	medicine; pill

课文二 Text 2

吃	（动）	chī	to eat
过	（助）	guo	used after a verb to indicate that an action has occurred but has not continued until now
给	（动）	gěi	to give
条	（量）	tiáo	a measure word used for counting long and narrow slender things
鱼	（名）	yú	fish
可是	（连）	kěshì	but; hower
醋	（名）	cù	vinegar

让	（介）	ràng	used to introduce the active in the passive
朋友	（名）	péngyou	friend(s)
送	（动）	sòng	to give；to send
盐	（名）	yán	salt
叫	（介）	jiào	used to introduce the active in the passive
终于	（副）	zhōngyú	finally
饭	（名）	fàn	meal(s)

专有名词 Proper noun

| 糖醋鱼 | tángcùyú | fish in sweet and sour sauce |
| 米醋 | mǐcù | rice vinegar |

语法 Grammar

一、"被"字句 The "被" sentence

由介词"被（叫/让）"及其宾语构成的介词词组作状语来表示被动意义的动词谓语句叫"被"字句。"被"多用于书面语，"叫/让"多用于口语。"被"字句的基本结构形式为：

A "被" sentence is used to express a passive meaning，with the preposition "被（叫/让）" and its object as the adverbial in the sentence. "被" is usually used in written language and "叫/让" is usually used in oral language. The basic structure of a "被" sentence is：

> 主语（受事）＋被（叫/让）＋宾语（施事）＋动词＋其他成分
>
> subject (recipient) ＋被（叫/让）＋ object(agent) ＋ verb ＋ other elements

例如 For example：

（1）	手	被	热水	烫	伤了。
（2）	自行车	叫	他	骑	走了。
（3）	实验室	让	他	打扫	干净了。
（4）	大米	被	他们	做	成了糖。

不需要强调施事时，"被"后的宾语可以省略。用"叫""让"时，后面的宾语不能省略。例如：

When the agent of an act needs not be emphasized，the object of "被" may be omitted.

For example：

（1）手被烫伤了。

> *不能说：自行车叫骑走了。
>
> *不能说：实验室让打扫干净了。

否定副词和能愿动词都要放在"被（叫/让）"的前面，不能放在动词前面。否定的"被"字句中不能出现"了"。例如：

The negation adverbs and modal verbs are placed before "被（叫/让）"; they cannot be placed after the verb. In a negative sentence, "了" is not allowed to appear at the end of the sentence. For example：

（2）自行车没被他骑走。

> *不能说：自行车被他没骑走。

（3）大米要被做成糖了。

> *不能说：大米被要做成糖了。

二、经历和经验的表达 Indicating a past experience

1. 动词后边带动态助词"过"表示动作曾经在过去发生。该动作一般不持续，说话时已经停止。强调过去某种经历。

When a verb is immediately followed by the aspect particle "过", it indicates that the act was taken place in the past and is no longer in progress. The emphasis is on the past experience.

> 动词＋过
>
> verb＋过

例如 For example：

（1）我吃过米饭。

（2）他来过中国。

（3）麦克去过实验田。

（4）她听说过HSK。

2. 否定形式 The negative form

> 没（有）＋动词＋过
>
> 没（有）＋verb＋过

例如 For example：

（1）我没吃过米饭。

（2）他没来过中国。

（3）麦克没去过实验田。

（4）她没听说过HSK。

3. 正反疑问句形式 The affirmative-negative question form

动词	+	过	+	宾语	+	没有
verb	+	过	+	object	+	没有

例如 For example：

（1）	你	吃	过	米饭	没有？
（2）	他	来	过	中国	没有？
（3）	麦克	去	过	实验田	没有？
（4）	她	听说	过	HSK	没有？

三、双宾语句 The sentence with two objects

有些动词后面可以带两个宾语，第一个宾语常常是人或者单位（间接宾语/近宾语），第二个宾语常常是物或事（直接宾语/远宾语），这样的句子叫做双宾语句。常用来带双宾语的动词有"给""送""借""还（huán，to return）""教（jiāo，to teach）""告诉（gàosu，to tell）""回答（huídá，to answer）"等。基本结构形式为：

Some verbs may take two objects：the first，which is called the indirect object or close object，usually refers to people；the second，which is called the direct object or distant object，usually refers to something．The verbs that can usually take double objects include "给""送""借""还""教""告诉""回答"，etc．The basic structure is：

主语	+	动词	+	宾语₁	+	宾语₂
subject	+	verb	+	object1	+	object2

例如 For example：

（1）我	送	她	一本书。
（2）大卫	给	朋友	一条鱼。
（3）李明	借	麦克	一辆自行车。（辆 liàng，a measure word used specially for counting vehicles）
（4）王老师	教	我们	汉语。（教 jiāo，to teach）
（5）大卫	还	图书馆	一本书。

注意 Note：

1. 双宾语句中指物的宾语一般是不确定的事物，除非是特别强调。

Unless they are used to make emphasis，the objects which can be referred to things in a sentence with two objects are usually something uncertain.

2．第二个宾语表物时前常常有数量结构作定语。

When the second object is used to denote things，the numeral-classifier constructions are usually used as attributes.

🌱 练习 Excercises

一、读一读 Read aloud

被人偷了	被同学骑走了	被热水烫伤了	让他用完了	叫他借走了
听说过	没吃过	去过医院	买过药	借过钱
给了我一条鱼	送了我一瓶米醋	忘在食堂	借我用一下儿	

二、连线题 Matching the words and their pinyin

1.
手机	yīyuàn
被偷	shǒu rè
忘	tóngxué
食堂	bèi tōu
借自行车	tàngshāng yào
同学	wàng
骑车	jiè zìxíngchē
手热	shǒujī
烫伤药	shítáng
医院	qíchē

2.
吃过	péngyou
给盐	zhōngyú
一条鱼	sòng cù
可是	chīfàn
送醋	yī tiáo yú
让	jiào
朋友	gěi yán
叫	ràng
终于	chī guo
吃饭	kěshì

三、替换下划线词语 Replace the underline parts with the given words or phrases

1. A：你的<u>自行车</u>呢?

   B：我的<u>自行车</u>被<u>同学</u><u>骑走</u>了。

   书/朋友/借走　　糖/大卫/吃完　　消毒剂/李明/用完　　盐/麦克/用完

2. A：你的<u>手</u>怎么了?

   B：我的<u>手</u>被<u>热水</u> <u>烫伤</u>了。

   实验田/他/破坏（pòhuài，to destroy）

   秧苗/雨/浇死（jiāo sǐ，to be drowned）

   朋友/自行车/撞伤（zhuàng shāng，to bump）

3.　A：你<u>吃过米饭</u>吗？

　　B：<u>吃过</u>。/<u>没吃过</u>。

插/秧　　育/苗　　浇/水　　打扫/教室　　擦/桌子

4.　A：他<u>送</u>了你什么？

　　B：他<u>送</u>了我<u>一本书</u>。

给/一瓶消毒剂　　借/自行车　　教/汉语　　问/一个问题

5.　A：我们<u>做饭</u>吧。

　　B：可是<u>大米吃完</u>了。

看书/书叫他借走　　做鱼/鱼让人偷走　　浇水/水用完

四、选词填空 Choose the right words to fill in the blanks

叫　　忘　　借　　过　　可是　　终于

1.　我还没去（　　　）教室。

2.　听说他的手机（　　　）人偷了。

3.　今天（　　　）可以吃糖醋鱼了。

4.　我想去图书馆（　　　）一本书。

5.　麦克把消毒剂（　　　）在实验室了。

6.　我想买点儿种子，（　　　）没有钱。

五、听力 Listening

（一）听录音，选择正确音节 Listen to the audio and choose the right syllables

1.　A. guǎdàn　　　B. gānlín　　　C. gǔgé　　　D. guīcháo

2.　A. wēnyì　　　B. wēnxīn　　　C. wānzǎi　　　D. wánshàn

3.　A. huīhóng　　B. dūnhuáng　　C. hūnhuáng　　D. fēngkuáng

4.　A. pángguān　B. pánqiú　　　C. bǎndàng　　D. bāngmáng

5.　A. chíchú　　　B. zhízhuó　　　C. shīhuó　　　D. rúruò

6.　A. shūróng　　B. shēngchù　　C. shēnrù　　　D. róngrǔ

7.　A. yuǎnzú　　B. yuánzǔ　　　C. yànzú　　　D. liánzū

8.　A. qínlǐng　　B. qǐlì　　　　C. qīnglín　　D. qīnglíng

9.　A. méngshēng　B. ménshēng　　C. ménshén　　D. mèngshēng

10. A. fúlì'áng　　B. èr'èyīng　　C. lùhuàjiǎ　　D. lùhuànà

（二）听录音，在词语后边写上听到的序号 Listen to the audio and write down the numbers that you hear behind the words

被人偷了（   ）　　　忘在教室（   ）　　借自行车（   ）　　被热水烫伤（   ）

终于（   ）　　　　　去医院买药（   ）吃过鱼（   ）　　看过书（   ）

叫他用完了（   ）　　让他骑走了（   ）

（三）听录音，写音节 Listen to the audio and fill in the blanks

1. Shǒujī méi（   ）rén tōu zǒu.

2. Zìxíngchē（   ）wǒ yòng yīxiàr.

3. Shǒu bèi rèshuǐ（   ）le.

4. Nǐ chī（   ）tángcùyú ma？

6. （   ）kěyǐ chīfàn le.

六、说一说 Expression

　　大卫的手机没被人偷，是忘在食堂了。麦克的自行车被同学骑走了，他的手被热水烫伤了，想借李明的自行车去医院买点儿药。

　　老师给了李明一条鱼，他想做糖醋鱼。可是醋和盐都叫大卫用完了。正好朋友送了他一瓶米醋。他去买盐，麦克做米饭。一个小时以后，他们终于可以吃饭了。

一、专业小贴士 Pro tip

粮食安全

　　粮食安全概念由联合国粮食与农业组织(FAO)在 20 世纪 70 年代初期提出。目前定义包括以下几种：1.保证任何人在任何地方都能得到为了生存和健康所需要的足够食品。2.缺粮国家或者这些国家的某些地区或家庭逐年满足标准粮食消费水平的能力。3.国家在工业化进程中满足人民日益增长的粮食需求和粮食经济承受各种不测事件的能力。4.获得粮食的权利。5.足够和稳定的富有营养的食品供应；良好的粮食分配系统；粮食的可获得性；特别是贫困人口获得粮食的可能性；以及国内食品生产的可能性。

　　——摘自【知网随问】王玉洁. 湖南省大米产业现状及发展对策研究. 长沙：湖南农业大学.

Food Security

The concept of food security was proposed by the Food and Agriculture Organization of the United Nations (FAO) in the early 1970s. The current definitions are as follows: 1. Guarantee that anyone can get enough food for survival and health at anywhere. 2. The ability of food-deficit countries or certain areas or households in these countries that meet the standard food consumption level year by year. 3. The country's ability to meet the people's growing food needs and the food economy to withstand various unexpected events in the process of industrialization. 4. The right to acquire food. 5. An adequate and stable supply of nutritious food; a sound food distribution system; food availability; access to food, especially by the poor; and the possibility of domestic food production.

—Excerpted from [CNKI Quickanswer] Wang Yujie. *Research on the Current Situation and Development Countermeasures of Rice Industry in Hunan Province*. Changsha: Hunan Agricultural University.

二、文化小贴士 Cultural tip

全球重要农业文化遗产（GIAHS）的保护项目——浙江青田稻鱼共生系统

稻田养鱼距今已有 1200 多年历史，最早是由农民利用溪水灌溉，溪水中的鱼在稻田里自然生长，经过长期驯化而形成的天然稻鱼共生系统。

稻田养鱼通过人为控制，建立了一个稻鱼共生、相互依赖、相互促进的生态种养系统，鱼在系统中既起到了耕田除草、减少病虫害的作用，又可以合理利用水田土地资源、水面资源、生物资源和非生物资源，达到"增粮、增鱼、增肥、增水、节地、节肥、节成本"等多种效果。

——节选自：青田稻鱼共生系统启动遗产保护．人民日报，2005-06-10(11)．

Protection Project of Globally Important Agricultural Heritage Systems (GIAHS)—Rice-fish Symbiosis System in Qingtian, Zhejiang

Raising fish in rice fields has a history of more than 1, 200 years. It was first used by farmers to irrigate with streams. Fish in the streams naturally grow in the rice fields. After long-term domestication, a natural rice-fish symbiosis system was formed.

Through artificial control, Raising fish in rice fields has established an ecological breeding system in which rice-fish coexist, depend on each other, and promote each other. In the system, fish not only play the role of plowing and weeding, reducing pests and diseases, but also make rational use of paddy land resources, water surface resources, biological resources and non-biological resources, so as to achieve " the increasing of rice, fish, fertilizer, and water, as well as the saving of water, land, fertilizer, and cost" and so on.

　　—Excerpted from："Qingtian Rice-fish Symbiotic System Launched. the Heritage Protection Project". People's Daily, 2005-06-10(11).

附录一 听力文本及答案

第一课 你好

五、听力 Listening

（一）听录音，选择正确音节 Listen to the audio and choose the right syllables

1. pá   2. fàn   3. pū   4. bēi   5. pēn

6. máng   7. pèng   8. bǐ   9. fǒu   10. biān

（二）听录音，在词语后边写上听到的序号 Listen to the audio and write down the numbers behind the words you hear

1. 名字   2. 中国人   3. 是   4. 哪

5. 什么   6. 你好   7. 我   8. 叫

（三）听录音，写音节 Listen to the audio and fill in the blanks

1. 你好！

2. 你叫什么名字？

3. 你是哪国人？

4. 我是中国人。

第二课 你是老师吗？

五、听力 Listening

（一）听录音，选择正确音节 Listen to the audio and choose the right syllables

1. dá   2. tàn   3. nù   4. tī   5. néng

6. tàng   7. léng   8. tǐ   9. tiào   10. nìng

（二）听录音，在词语后边写上听到的序号 Listen to the audio and write down the numbers behindthe words you hear

1. 学生   2. 学习   3. 专业   4. 农学   5. 老师

6. 去哪儿   7. 商店   8. 不是   9. 买种子   10. 吗

（三）听录音，写音节 Listen to the audio and fill in the blanks

1．麦克是老师吗？

2．我学习农学。

3．李明去哪儿？

4．你买什么？

5．我买水稻种子。

第三课　明天去选种

五、听力 Listening

（一）听录音，选择正确音节 Listen to the audio and choose the right syllables

1．kā　　2．gé　　3．hǔ　　4．dāi　　5．gǎn

6．hèn　　7．kuāng　　8．kōng　　9．hèng　　10．dùn

（二）听录音，在词语后边写上听到的序号 Listen to the audio and write down the numbers behind the words you hear

1．太难　　2．水稻　　3．选种　　4．去不去　　5．今天

6．难吗　　7．明天　　8．我也去　　9．都去

（三）听录音，写音节 Listen to the audio and fill in the blanks

1．今天去选种。

2．明天做什么？

3．我们都去。

4．农学难不难？

5．农学不太难。

第四课　实验田怎么走？

五、听力 Listening

（一）听录音，选择正确音节 Listen to the audio and choose the right syllables

1．qī　　2．xù　　3．jié　　4．xué　　5．jūn

6．xiè　　7．xiǎn　　8．guà　　9．huà　　10．jiào

（二）听录音，在词语后边写上听到的序号 Listen to the audio and write down the numbers behind the words you hear

1．地方　　2．右转　　3．路口　　4．今天　　5．教学楼

6．实验田　　7．农学院　　8．图书馆　　9．整地

（三）听录音，写音节 Listen to the audio and fill in the blanks

1. 图书馆在什么地方？

2. 往前走，到路口右转。

3. 图书馆在教学楼后面。

4. 我们今天去整地吧。

第五课　这种土壤怎么样？

五、听力 Listening

（一）听录音，选择正确音 Listen to the audio and choose the right syllables

1. tǎ　　　2. làn　　　3. nù　　　4. lèi　　　5. dēng

6. náng　　7. nèn　　8. lǐ　　　9. niào　　10. níng

（二）听录音，在词语后边写上听到的序号 Listen to the audio and write down the numbers that you hear behind the words

1. 有　　2. 土壤　　3. 黑色　　4. 这种

5. 做　　6. 适合　　7. 什么　　8. 很好

（三）听录音，写音节 Listen to the audio and fill in the blanks

1. 我们有三瓶消毒剂。

2. 这种土壤好不好？

3. 适合种水稻。

4. 今天做什么？

第六课　我已经买了种子

五、听力 Listening

（一）听录音，选择正确音节 Listen to the audio and choose the right syllables

1. guó　　2. kàn　　3. hú　　4. gěi　　5. héng

6. káng　7. nèn　8. guǎn　9. gǒu　10. kuài

（二）听录音，在词语后边写上听到的序号 Listen to the audio and write down the numbers that you hear behind the words

1. 然后　　2. 几斤　　3. 已经　　4. 开始　　5. 先

6. 浇水　　7. 长了　　8. 好的　　9. 我和你　10. 四厘米

171

（三）听录音，写音节 Listen to the audio and fill in the blanks

1. 秧苗长了一厘米。

2. 今天秧苗怎么样？

3. 我已经买了种子。

4. 苗床浇水了吗？

5. 先晾晒、选种，然后消毒和催芽。

第七课　昨天插秧了吗？

五、听力 Listening

（一）听录音，选择正确音节 Listen to the audio and choose the right syllables

1. zhī	2. sù	3. chāo	4. shēn	5. zhāi
6. shuā	7. shū	8. chě	9. zhuī	10. chǔn

（二）听录音，在词语后边写上听到的序号 Listen to the audio and write down the numbers that you hear behind the words

1. 刚	2. 为什么	3. 没有	4. 时候	5. 昨天
6. 可以	7. 2号儿	8. 下星期	9. 跟谁一起	

（三）听录音，写音节 Listen to the audio and fill in the blanks

1. 昨天插秧了吗？

2. 什么时候插秧？

3. 今天几号儿？

4. 今天星期几？

5. 我跟大卫一起去。

第八课　你会施肥吗？

五、听力 Listening

（一）听录音，选择正确音节 Listen to the audio and choose the right syllables

1. bāng	2. mēn	3. suō	4. tiě	5. jiǎ
6. chāzi	7. shìzhōng	8. shílì	9. zhèngshǒu	10. zhùyīn

（二）听录音，在词语后边写上听到的序号 Listen to the audio and write down the numbers that you hear behind the words

1. 便宜	2. 太贵了	3. 肥料	4. 有机肥	5. 会
6. 可以	7. 要	8. 施肥	9. 五袋	10. 一共

（三）听录音，写音节 Listen to the audio and fill in the blanks

1. 你想买什么?

2. 那种便宜。240 块钱一袋。

3. 水稻一共要施四次肥料。

4. 你会施肥吗?

5. 我也不会施肥。

第九课　该补苗了!

五、听力 Listening

（一）听录音，选择正确音节 Listen to the audio and choose the right syllables

1. kàn　　　2. gān　　　3. zū　　　4. qīng　　　5. shēng

6. dàxiǎo　　7. jíshí　　8. tiānqì　　9. biànhuà　　10. chīfàn

（二）听录音，在词语后边写上听到的序号 Listen to the audio and write down the numbers that you hear behind the words

1. 深　　　2. 及时　　　3. 天气　　　4. 施肥　　　5. 变化

6. 该　　　7. 浅　　　8. 多少　　　9. 看　　　10. 大概

（三）听录音，写音节 Listen to the audio and fill in the blanks

1. 该补苗了。补多少株?

2. 大概 50 株。

3. 分蘖期要及时浅水灌溉。

4. 我们要注意天气变化。

5. 今天能不能灌溉?

第十课　你在干什么呢?

五、听力 Listening

（一）听录音，选择正确音节 Listen to the audio and choose the right syllables

1. chán　　　2. zhēn　　　3. jì　　　4. liǎng　　　5. guǒ

6. liúliàn　　7. bàozhǎng　　8. zànchéng　　9. héhuǒ　　10. xīn xū

（二）听录音，在词语后边写上听到的序号 Listen to the audio and write down the numbers that you hear behind the words

1. 打算　　　2. 长得好　　　3. 但是　　　4. 有点儿　　　5. 或者

6. 介绍　　　7. 干什么　　　8. 方法　　　9. 一些　　　10. 等

（三）听录音，写音节 Listen to the audio and fill in the blanks

    1．长得很好，但是杂草有点多。

    2．八点或者八点半。

    3．书上介绍了哪些方法？

    4．农药、杀虫灯、防蛾灯等等。

    5．你打算用农药还是防蛾灯？

第十一课　快下雨了

五、听力 Listening

（一）听录音，选择正确音节 Listen to the audio and choose the right syllables

1．lóu	2．hǒu	3．gé	4．kǎi	5．gēnggǎi
6．kāilù	7．hánghǎi	8．lúnliú	9．kōngkuàng	10．liúlì

（二）听录音，在词语后边写上听到的序号 Listen to the audio and write down the numbers that you hear behind the words

1．进行	2．这么	3．检测	4．说话	5．为了
6．今天阴天	7．晚稻收割	8．快下雨了	9．身体健康	10．天气预报

（三）听录音，写音节 Listen to the audio and fill in the blanks

    1．已经十月了。

    2．还是明天去吧。

    3．天气预报说明天阴天。

    4．应该进行检测了。

    5．检测得越多越好。

第十二课　水稻检测完了

五、听力 Listening

（一）听录音，选择正确音节 Listen to the audio and choose the right syllables

1．lǎoshī	2．mántou	3．cángnì	4．nènyá	5．lüèguò
6．zhàngběn	7．píngjià	8．nénglì	9．yuèyě	10．yuánwěi

（二）听录音，在词语后边写上听到的序号 Listen to the audio and write down the numbers behind the words you hear

1．一下儿	2．真冷	3．正好	4．结果	5．一点儿
6．咱们	7．选好	8．听懂	9．检测	10．做完

（三）听录音，写音节 Listen to the audio and fill in the blanks

1. 今天比昨天冷。

2. 明天比今天更冷。

3. 实验室比外边暖和。

4. 正好去看看水稻检测结果。

5. 王老师，水稻检测完了吗？

6. 包装袋选好了吗？

第十三课　大米放到贮藏室吧

五、听力 Listening

（一）听录音，选择正确音节 Listen to the audio and choose the right syllables

1. báisè　　2. lěi　　3. tuō　　4. biě　　5. liǎo

6. dǎkāi　　7. zìzhòng　　8. shìyòng　　9. tūqǐ　　10. xīguā

（二）听录音，在词语后边写上听到的序号 Listen to the audio and write down the numbers behind the words you hear

1. 蓝色　　2. 白色　　3. 要是　　4. 这样就行　　5. 这里干净

6. 放到地上　　7. 调到 5 度　　8. 放在桌子上　9. 又大又好

（三）听录音，写音节 Listen to the audio and fill in the blanks

1. 蓝色的没有白色的好。

2. 要是贮藏用，就选贵的。

3. 放到贮藏室吧。

4. 这里又大又干净啊。

5. 放在桌子上。

6. 这本书比那本书便宜一块钱。

第十四课　我们把实验室打扫打扫吧

五、听力 Listening

（一）听录音，选择正确音节 Listen to the audio and choose the right syllables

1. zhèngzhí　　2. jiùchuán　　3. pífū　　4. féishuǐ　　5. liáojiě

6. déyào　　7. bǎohù　　8. máli　　9. zhǎntīng　　10. hòubian

（二）听录音，在词语后边写上听到的序号 Listen to the audio and write down the numbers that you hear behind the words

　　1. 整理　　　2. 太脏了　　　3. 打扫打扫　　4. 把实验做完

　　5. 把桌子擦擦　6. 最喜欢　　　7. 原来　　　　8. 把温度调好

　　9. 参观加工厂

（三）听录音，写音节 Listen to the audio and fill in the blanks

　　1. 我们刚把实验做完。

　　2. 实验室太脏了，我们把它打扫打扫吧。

　　3. 我把实验样品整理一下儿。

　　4. 听说你们去参观大米加工厂了。

　　5. 原来水稻不仅可以做成米饭，还可以做成那么多东西。

　　6. 我最喜欢他们把大米做成了"薯片"。

第十五课　朋友送了我一瓶米醋

五、听力 Listening

（一）听录音，选择正确音节 Listen to the audio and choose the right syllables

　　1. gānlín　　　2. wánshàn　　3. dūnhuáng　　4. bāngmáng

　　5. zhízhuó　　6. shēnrù　　　7. liánzū　　　8. qīnglíng

　　9. méngshēng　10. lǜhuànà

（二）听录音，在词语后边写上听到的序号 Listen to the audio and write down the numbers that you hear behind the words

　　1. 忘在教室　　2. 被热水烫伤　3. 终于　　　4. 借自行车　　5. 被人偷了

　　6. 叫他用完了　7. 让他骑走了　8. 看过书　　　9. 去医院买药　10. 吃过鱼

（三）听录音，写音节 Listen to the audio and fill in the blanks

　　1. 手机没被人偷走。

　　2. 自行车借我用一下儿。

　　3. 手被热水烫伤了。

　　4. 你吃过糖醋鱼吗？

　　5. 终于可以吃饭了。

附件二 词汇表

生词 New Words

生词	词性	拼音	英文释义	单元
B				
把	（介）	bǎ	indicate the object is the accept or of the verb that follows	十四
吧	（助）	ba	a modal particle	四
白色	（名）	báisè	white	十三
帮	（动）	bāng	to help	十四
被	（介）	bèi	by（indicate that the subject is the recipient of the action）	十五
边	（名）	biān	edge	四
变	（动）	biàn	to change	十四
变化	（动）	biànhuà	to change	九
不	（副）	bù	no；not	二
不仅	（连）	bùjǐn	not only	十四
C				
擦	（动）	cā	to wipe；to scrub	十四
参观	（动）	cānguān	to visit	十四
成	（动）	chéng	to become；to turn into	十四
吃	（动）	chī	to eat	十五
次	（量）	cì	time(s)	八
醋	（名）	cù	vinegar	十五
D				
打扫	（动）	dǎsǎo	to clean	十四
打算	（动）	dǎsuan	to plan	十
大概	（副）	dàgài	probably	九
袋	（量）	dài	sack；bag	八

177

生词	词性	拼音	英文释义	单元
但是	（连）	dànshì	but	十
到	（动）	dào	to arrive	四
到	（动）	dào	up until；up to	十三
得	（助）	de	a particle used after a verb to connect it with a complement	十
地	（名）	dì	floor；ground	十四
地方	（名）	dìfang	place	四
地上		dìshang	on the floor	十三
灯	（名）	dēng	light(s)	九
等	（助）	děng	and so on；etc.	十
点	（名）	diǎn	o'clock	十
调	（动）	tiáo	to adjust	十三
东	（名）	dōng	east	四
东西	（名）	dōngxi	thing	十四
都	（副）	dōu	all	三
度	（名）	dù	degree；Celsius degree	十三
对	（动）	duì	yes	八
多	（形）	duō	many；much	十
多少	（疑问代词）	duōshao	how many；how much	九
F				
饭	（名）	fàn	meal(s)	十五
方法	（名）	fāngfǎ	method；way	十
放	（动）	fàng	to lay aside	十三
G				
该……了		gāi……le	it is time to do something	九
干	（动）	gàn	to do	十
干净	（形）	gānjìng	clean；neat	十三
刚	（副）	gāng	only a short while ago；just	七
给	（动）	gěi	to give	十五
跟	（动）	gēn	to follow	七
	（介）	gēn	with	
贵	（形）	guì	expensive	八

生词	词性	拼音	英文释义	单元
国	（名）	guó	country；nation；state	一
过	（助）	guo	used after a verb to indicate that an action has occurred but has not continued until now	十五
H				
还	（副）	hái	in adition；still；also	九
好	（形）	hǎo	good	五
好的		hǎo de	okey	六
号（儿）	（量）	hào(r)	date	七
和	（连）	hé	and；as well as	六
黑色	（名）	hēisè	black	五
很	（副）	hěn	very	五
后面	（名）	hòu miàn	back，rear	四
会	（能愿）	huì	be able to；can	八
或者	（名）	huòzhě	or	十
J				
及时	（副）	jíshí	in time；timely	九
几	（代）	jǐ	how many；how much	六
检测	（动）	jiǎncè	to check；to test	十一
健康	（形）	jiànkāng	healthy	十一
浇	（动）	jiāo	to pour liquid on	六
叫	（动）	jiào	to call	一
叫	（介）	jiào	used to introduce the active in the passive	十五
教学楼	（名）	jiàoxué lóu	the teaching building	四
介绍	（动）	jièshào	to introduce	十
借	（动）	jiè	to borrow	十五
斤	（量）	jīn	a unit of weight（=1/2 kilogram）	六
今天	（名）	jīntiān	today	三
进行	（动）	jìnxíng	to be in progress；to be underway；to go on	十一
K				
开	（动）	kāi	to open	九
开始	（动）	kāishǐ	to start；to begin	六

生词	词性	拼音	英文释义	单元
看	（动）	kàn	to look；to watch	九
可是	（连）	kěshì	but；hower	十五
可以	（能愿）	kěyǐ	can；may	七
块	（量）	kuài	yuan，monetary unit of China	八
快	（副）	kuài	fast，quickly	十一
L				
蓝色	（名）	lánsè	blue	十三
老师	（名）	lǎoshī	teacher	二
了	（助）	le	a particle used after a verb or adjective to indicate that an action or change has been completed	六
了	（语气）	le	used at the end of a sentence，indicating an affirmative tone	十一
厘米	（名）	límǐ	cm（centimetre）	六
里边	（名）	lǐbian	inside	九
亮	（动）	liàng	to light；to shine	九
路	（名）	lù	road	四
路口	（名）	lùkǒu	intersection	四
M				
吗	（助）	ma	a mood particle used at end of a "yes-no" question	二
买	（动）	mǎi	to buy	二
卖	（动）	mài	to sell	八
没	（副）（动）	méi	（adv.）no；not；never：（v.）not to have	七
门	（名）	mén	door(s)	九
米饭	（名）	mǐfàn	cooked rice	十四
米酒	（名）	mǐjiǔ	rice wine	十四
名字	（名）	míngzi	name	一
明天	（名）	míngtiān	tomorrow	三
N				
哪	（代）	nǎ	which	一
哪儿	（代）	nǎr	where	二
那	（代）	nà	that	四

生词	词性	拼音	英文释义	单元
那里	（名）	nàlǐ	there	十三
难	（形）	nán	difficult	三
呢	（助）	ne	a modal particle used at the end of an interrogative sentence	八
能	（能愿）	néng	can；be able to	九
你	（代）	nǐ	you（single）	一
你好		nǐ hǎo	hello	一
P				
旁边	（名）	pángbiān	beside	四
朋友	（名）	péngyou	friend(s)	十五
便宜	（形）	piányi	cheap	八
瓶	（量）	píng	bottle	五
Q				
期	（名）	qī	stage；a period of	九
骑	（动）	qí	to ride	十五
前（面）	（名）	qián (miàn)	front	四
钱	（名）	qián	money	八
浅	（形）	qiǎn	shallow	九
去	（动）	qù	to go	二
R				
然后	（连）	ránhòu	then；after that；afterwards	六
让	（介）	ràng	used to introduce the active in the passive	十五
热	（形）	rè	hot	十五
人	（名）	rén	human being；man；person；people	一
S				
三	（数）	sān	three	五
扫	（动）	sǎo	to sweep	十四
伤	（动）（名）	shāng	to injure；to hurt injury；hurt	十五
商店	（名）	shāngdiàn	shop，store	二
谁	（疑问代词）	shuí	who；whom	七
深	（形）	shēn	deep	九

生词	词性	拼音	英文释义	单元
什么	（代）	shénme	what	一
施	（动）	shī	to apply	八
时候	（名）	shíhou	（the duration of）time	七
实验	（名）（动）	shíyàn	experiment；test to do some experiment；to test	十四
食堂	（名）	shítáng	dining room；canteen	十五
是	（动）	shì	to be	一
适合	（动）	shìhé	to suit；to be fit for	五
手	（名）	shǒu	hand(s)	十五
手机	（名）	shǒujī	cellphone	十五
书	（名）	shū	book(s)	十
薯片	（名）	shǔpiàn	potato chips	十四
水	（名）	shuǐ	water	六
说	（动）	shuō	to say；to speak	十一
四	（数）	sì	four	六
送	（动）	sòng	to give；to send	十五
T				
它	（代）	tā	it	十四
太	（副）	tài	too；excessively	三
糖	（名）	táng	canddy；sweet(s)	十四
烫	（动）	tàng	to burn；to scald	十五
天气	（名）	tiānqì	weather	九
条	（量）	tiáo	a measure word used for counting long and narrow slender things	十五
听说	（动）	tīngshuō	to be told；to hear of	十四
同学	（名）	tóngxué	classmate(s)	十五
偷	（动）	tōu	to steal	十五
图书馆	（名）	túshūguǎn	library	四
W				
往	（介）	wǎng	toward（Location word /Place）	四
忘	（动）	wàng	to forget	十五
为了	（介）	wèile	in order to	十一

生词	词性	拼音	英文释义	单元
为什么		wèishénme	why	七
温度	（名）	wēndù	temperature	十四
我	（代）	wǒ	I；me	一
我们	（代）	wǒmen	we；us	三
五	（数）	wǔ	five	八
X				
喜欢	（动）	xǐhuan	to like	十四
下	（名）	xià	next	七
下雨		xiàyǔ	to rain	十一
先	（名、副）	xiān	earlier；before；first；in advance	六
想	（动）	xiǎng	to want	八
些	（量）	xiē	some	十
星期	（名）	xīngqī	week	七
星期五	（名）	xīngqī wǔ	Friday	七
行	（动）	xíng	to be all right；OK	十三
选	（动）	xuǎn	to select	三
学生	（名）	xuéshēng	student(s)	二
学习	（动）	xuéxí	to study	二
Y				
盐	（名）	yán	salt	十五
药	（名）	yào	medicine；pill	十五
要	（动）	yào	to ask for	八
	（能愿）	yào	shall；will；to want；to wish	

要是……
  就……
		yàoshì……
		  jiù……
			If...then...	十三

也	（副）	yě	also	三
一	（数）	yī	one	六
一共	（副）	yīgòng	in all	八
一起	（副）	yīqǐ	together	七
医院	（名）	yīyuàn	hospital	十五
已经	（副）	yǐjīng	already	六
以后	（名）	yǐhòu	afterwards；later	十一

生词	词性	拼音	英文释义	单元
阴天	（名）	yīntiān	cloudy sky	十一
应该	（能愿）	yīnggāi	should；ought to	十一
用	（动）	yòng	to use	十
有	（动）	yǒu	to have	五
有点儿		yǒudiǎnr	a little	十
又	（副）	yòu	an adverb indicates the simultaneous existence of several conditions or properties	十三
右	（名）	yòu	right	四
鱼	（名）	yú	fish	十五
预报	（名）	yùbào	forecast	十一
原来	（副）	yuánlái	originally；formerly	十四
月	（名）	yuè	month	十一
越	（副）	yuè	increasingly；more	十一
Z				
在	（动）	zài	to exist	四
在	（副）	zài	be at/in	十
脏	（形）	zāng	dirty	十四
怎么	（代）	zěnme	how	四
怎么样	（代）	zěnmeyàng	how	五
长	（动）	zhǎng	to grow；to develop	六
这	（代）	zhè	this	五
这里	（名）	zhèlǐ	here	十三
这么	（代）	zhème	so；such	十一
着	（助）	zhe	a particle indicating the continuation of an action	九
整理	（动）	zhénglǐ	to arrange；to put in order	十四
正	（副）	zhèng	just	十
正在		zhèngzài	in process of	十
终于	（副）	zhōngyú	finally	十五
种	（量）	zhǒng	kind；sort；type；variety	五
	（动）	zhòng	to plant；to sow；to grow；to cultivate	
种子	（名）	zhǒngzi	seed(s)	二
株	（量）	zhū	used to count plants	九

生词	词性	拼音	英文释义	单元
专业	（名）	zhuānyè	major	二
转	（动）	zhuǎn	to turn	四
桌子	（名）	zhuōzi	desk；table	十三
自行车	（名）	zìxíngchē	bicycle	十五
走	（动）	zǒu	to go	四
最	（副）	zuì	most	十四
昨天	（名）	zuótiān	yesterday	三
做	（动）	zuò	to do；to make	三

专有名词 Proper noun

专有名词	拼音	英文释义	单元
大卫	Dàwèi	David (a name)	一
李明	Lǐ Míng	a Chinese name	一
麦克	Màikè	Mike（a name）	一
米醋	mǐcù	rice vinegar	十五
糖醋鱼	tángcùyú	fish in sweet and sour sauce	十五
中国	Zhōngguó	China	一

专业词汇 Specialized vocabulary

专业词汇	拼音	英文释义	单元
包装	bāozhuāng	pack；wrap up；packing	十二
补苗	bǔmiáo	to fill the gaps with seedlings	九
插秧	chāyāng	to transplant rice seedlings [shoots]；rice transplanting	七
除草	chúcǎo	weeding；weed control	十
催芽	cuīyá	to promote germination	六
大米加工厂	dàmǐ jiāgōngchǎng	rice processing plant	十四
稻田	dàotián	paddy field	九
返青	fǎnqīng	to regreen	九
防蛾灯	fáng'é dēng	moth proof lamp	十
防治	fángzhì	prevention and cure	十

185

专业词汇	拼音	英文释义	单元
肥料	féiliào	fertilizer	八
分蘖	fēnniè	tillering	九
灌溉	guàngài	irrigation	九
晾晒	liàngshài	air-cure	六
苗床	miáochuáng	seedbed	六
农学	nóngxué	agriculture	二
农学院	nóngxuéyuàn	agricultural college	四
农药	nóngyào	pesticide；agricultural chemicals	十
农资	nóngzī	agriculture production material	二
杀虫灯	shāchóng dēng	insecticidal lamp	十
施肥	shīféi	to apply fertilizer	八
实验田	shíyàntián	experimental field	四
室温	shìwēn	room temperature	十三
收割	shōugē	to reap；to harvest	十一
水稻	shuǐdào	paddy	二
土壤	tǔrǎng	soil	五
脱粒	tuōlì	seed-husking；thresh	十二
晚稻	wǎndào	late rice；second rice	十一
消毒	xiāodú	to disinfect；to sterilize	六
消毒剂	xiāodújì	disinfectant	五
消杀	xiāoshā	disinfection	五
选种	xuǎnzhǒng	seed selection，seed sorting	三
秧苗	yāngmiáo	rice seedling	六
样品	yàngpǐn	sample	十四
营养成分	yíngyǎng chéngfèn	nutritional ingredient	十一
有机肥	yǒujīféi	organic fertilizer	八
育苗	yùmiáo	raise seedling；seedling culture	六
杂草	zácǎo	weeds；rank grass	十
整地	zhěngdì	land preparation	四
重金属	zhòngjīnshǔ	heavy metal	十一

专业词汇	拼音	英文释义	单元
贮藏	zhùcáng	to store up；to lay by；to lay in deposit	十三
贮藏室	zhùcángshì	storeroom	十三
转基因	zhuǎnjīyīn	transgenosis	十一
《作物病虫害防治》	《Zuòwù bìngchónghài fángzhì》	*The Prevention and Control of Plant Diseases and Elimination of Pests*	十